Die Durchlässigkeit der Haut für Arzneien und Gifte

Von

Professor Dr. Emil Bürgi
Bern

Mit 8 Abbildungen

Berlin
Springer-Verlag
1942

Alfred Lemcke

ISBN-13: 978-3-642-89599-9 e-ISBN-13: 978-3-642-91455-3
DOI: 10.1007/978-3-642-91455-3

Softcover reprint of the hardcover 1st edition 1942

Vorwort.

Langjährige Arbeiten meines Institutes über die Permeabilität der Haut für Arzneien und Gifte, die mit zuverlässigen, zum Teil von mir selbst angegebenen und ausgearbeiteten Methoden vorgenommen worden sind, sollen in dieser Monographie gemeinsam mit den wichtigsten Ergebnissen anderer Autoren eine zusammenfassende Darstellung finden. Eine möglichst vollständige Übersicht, die sich auf das gesamte, für die Therapie, die Balneologie und die Toxikologie gleich bedeutungsreiche Gebiet erstreckt, schien mir für die medizinische Wissenschaft wertvoller als eine in verschiedenen Fachzeitschriften zerstreute Wiedergabe von Einzeltatsachen. Den realen Verhältnissen wurde absichtlich mehr Raum gewährt als den vielen, zum großen Teil noch recht problematischen Theorien. Möge das Werk eine bessere Einsicht in das schon Erreichte, aber auch eine Anregung zu weiterer Forschung geben!

Herrn Dr. G. Beck, dem Assistenten des Medizinisch-Chemischen Institutes der Hochschule Bern, sei für die viele fachkundige Hilfe, die er meinen Mitarbeitern gewährt hat, auch an dieser Stelle der Dank ausgesprochen.

Bern, 21. Dezember 1941. **Emil Bürgi.**

Inhaltsverzeichnis.

Einleitung.

Die Haut, die den einzelnen Menschen umhüllt und von seiner Umwelt scharf abgrenzt, bildet im wesentlichen auch einen Schutzwall gegen das Eindringen schädigender Substanzen. Man kann die Fähigkeit, chemische und physikalische Einflüsse auf das Innere des Organismus aufzuhalten oder doch stark herabzusetzen, nicht hoch genug einschätzen und muß der relativ geringen Hautdurchlässigkeit für Stoffe verschiedener Art unzweifelhaft eine größere Bedeutung zuerkennen als ihrer teilweisen Permeabilität für eine beschränkte Anzahl derselben. In ausgesprochenem Gegensatze zu den Ansichten früherer Zeiten, in denen man ganz allgemein an die tödlichen Wirkungen von vergifteten Handschuhen, Salben oder Tinkturen von der Haut aus glaubte, darf man heute betonen, daß die Cutis die meisten Gifte überhaupt nicht oder doch nur in minimalsten Quantitäten aufnimmt, und daß nur die Schleimhäute — und auch sie nicht ausnahmslos — ein relativ gutes Resorptionsfeld darstellen.

Aber der Widerstand, den die Haut dem Eindringen fast aller Stoffe entgegensetzt, ist kein vollkommener, und es ist für den Therapeuten, den Toxikologen und auch für den Physiologen von Wichtigkeit zu wissen, was die Haut permieren kann und was nicht, und von welchen Substanzen auf dem Wege der transcutanen Resorption Wirkungen zu erwarten sind.

Die Arbeit, die auf diesem Gebiete schon geleistet worden ist, darf als ausgedehnt bezeichnet werden. Die Schwierigkeiten der Methodik bringen es aber mit sich, daß nur wenige der gewonnenen Resultate als durchaus zuverlässige angesehen werden können. Die Ergebnisse der vielen, an abgetöteten oder an künstlich hergestellten Membranen vorgenommenen Untersuchungen sind für die bei der lebendigen Haut des Menschen vorhandenen Verhältnisse nur wenig verwendbar, und dasselbe gilt, wenn auch in beschränktem Maße, für die Experimente an der Haut verschiedener Tiere, die in ihrer Beschaffenheit von derjenigen des Menschen ganz allgemein gesagt, stark abweicht. Die Notwendigkeit, die Versuche am Menschen selbst schonend durchzuführen, schuf weitere Schwierigkeiten, die erst in der neuesten Zeit vor allem durch die von mir durchweg benutzte Methode überwunden werden konnten. Wir verfügen nun über eine große Zahl von gesicherten Resultaten, die sowohl die Grundlage für eine zweckmäßige percutane Therapie wie auch eine klarere Einsicht in die Vergiftungsmöglichkeiten durch Substanzen, die in verschiedenen Gewerben verwendet werden, geschaffen haben. Diese Ergebnisse im Zusammenhang mit den anderen, auf dem Gebiete der Hautpermeabilität vorhandenen Tatsachen und Asnchauungen darzustellen, dürfte daher vor allem für die ärztliche und gewerbehygienische Praxis von Wert sein.

Permeabilität der künstlich hergestellten Membranen und der Froschhaut.

Aus den zahlreichen, an künstlich hergestellten Membranen ausgeführten Versuchen geht hervor, daß das Verhältnis ihrer Porengröße zu dem Molekularvolumen eines Stoffes für die Durchlässigkeit des letzteren den maßgebendsten Faktor darstellt. Die Permeabilität ist hier also im wesentlichen eine Ultrafiltration. Quellbarkeit der Membranen, Adsorptionserscheinungen sowohl in der Membran im allgemeinen als auch in ihren Poren im speziellen, Zustandsveränderungen der in ihnen enthaltenen Kolloide, Lösung der permeierenden Substanzen in Lipoiden oder anderen Stoffen und chemische Prozesse sind aber ebenfalls wirksam und bedingen schon bei Verwendung dieser relativ einfachen Trennungsschichten eine große Mannigfaltigkeit in der Behinderung oder Förderung des Durchtrittes von Ionen und Molekülen. Aber alle diese Tatsachen sind auf die an der menschlichen Haut vorhandenen Verhältnisse kaum übertragbar. Sie sollen daher auch nicht eingehend besprochen und nur kurz in Erwägung gezogen werden. Von ungleich größerer Bedeutung sind hier unzweifelhaft die an der *Tierhaut* vorgenommenen Experimente, deren Ergebnisse allerdings dann auch einer theoretischen Deutung viel schwerer zugänglich sind. Zu solchen Versuchen hat vor allem die *Froschhaut* gedient, deren Durchlässigkeit sowohl am intakten Tiere als auch an der als Membransack verwendeten Cutis, die man eine gewisse Zeit lang als „überlebend" ansehen darf, festgestellt wurde. Auf diese Experimente muß hier, trotzdem ihre Resultate nicht leicht auf die Verhältnisse an der menschlichen Haut übertragen werden können, etwas genauer eingegangen werden.

Der grundlegende Unterschied in dem resorptiven Verhalten der Froschhaut gegenüber der menschlichen Cutis ist durch die starke Permeabilität der ersteren für Wasser gekennzeichnet, die schon PAUL BERT bekannt war und hernach von verschiedenen Autoren (OVERTON, PRZYLECKI, DURIG u. a.) genauer studiert wurde. Ganz besonderes Interesse erweckte der REIDsche Versuch, aus dem die Erkenntnis der sog. *irreziproken Permeabilität* resultierte, einer Durchgängigkeit nämlich, die nur in der Richtung von außen nach innen vor sich geht, und deren Bestehen an das Leben des Tieres, bzw. das Überleben der isolierten Haut gebunden schien. Weitere Arbeiten zeigten dann, daß dieser irreziproke Vorgang nicht nur für Wasser, sondern auch für viele andere Stoffe Geltung hat, die zum Teil nur von außen nach innen, zum Teil nur von innen nach außen durch die Haut hindurchgehen, und daß die Irreziprozität häufig nur eine relative ist, daß also viele Substanzen — auch das Wasser — zwar nach beiden Seiten permeieren, nach der einen aber viel leichter und rascher als nach der anderen.

Der REIDsche Versuch gab Anlaß zu einer Reihe von Experimenten, die ihn physikalisch-chemisch zu deuten suchten. HUF, der mit einem modifizierten REIDschen Differentialmanometer arbeitete, bestätigte zunächst seine Richtigkeit. Er registrierte den aktiven Flüssigkeitstransport an der überlebenden Froschhaut und nahm zu seiner Erklärung einen energetisch wirkenden Verbrennungsprozeß an. Er konstatierte zudem, daß sich die überlebende Froschhaut gleich verhält wie die Haut des intakten Frosches, daß Quellungsvorgänge aber nur bei der toten Membran eine Rolle spielten. Im Gegensatze zu seinen Auffassungen stehen in erster Linie die von WERTHEIMER und seinen Mitarbeitern, die in sehr zahlreichen Experimenten den Einfluß der Quellbarkeit der verschiedenen und der in der Froschhaut vorhandenen Kolloide auf die irreziproke Permeabilität zu ergründen suchten. Die Haut, die ja keine einfache, sondern eine mehrfach geschichtete Membran darstellt, ist außen und innen verschieden quellbar, und das Wasser dringt nur dann in das Innere der Froschhaut, wenn die der Lösung zugewendete Seite quillt. FLUSIN sah Ähnliches an quellbaren, künstlichen Membranen.

So glaubten auch LEUTHARDT und ZELLER die irreziproke Permeabilität aus der verschiedenartigen Struktur der Außen- und Innenseite der Froschhaut ausreichend erklären zu können. Infolge dieser Ungleichheit müßten bei Bespülung der Innen- und Außenseite mit gleichen und gleichviel Elektrolyten Potentialunterschiede mit entsprechenden Konzentrationsunterschieden an den Phasengrenzen Haut-Außen- bzw. Haut-Innenlösung entstehen. Da nun die äußere Seite der Haut viel dichter sei als die innere, würde daselbst auch der Konzentrationseffekt ausgesprochener, was die Autoren durch direkte Messung bewiesen haben.

Weitere Schlüsse ergaben sich aus den sehr zahlreichen Untersuchungen über die Beeinflussung der Wasserdurchlässigkeit durch andere Stoffe, vornehmlich durch Salze und ihre Ionen, über die Durchlässigkeit dieser Stoffe selbst und über die Möglichkeit, ihre Permeabilität durch verschiedene Momente zu steigern oder ihr eine andere Richtung zu geben.

In Wasser gelöste Stoffe verhalten sich durchaus verschieden. Natriumsalze gehen nur von außen nach innen, Kaliumsalze nach beiden Richtungen gleich leicht durch, die ersteren werden dadurch auf der einen Seite der Membran angehäuft, Aminosäuren, Polypeptide und Peptone sowie verschiedene Zuckerarten wandern besser von außen nach innen, basische Farbstoffe von innen nach außen, saure umgekehrt. Nach UHLENBUCK soll hier die Adsorption von größter Wichtigkeit sein, da die Außenseite der Froschhaut im Verhältnis zur Innenseite negativ geladen ist. Eine Polarität soll aber nur bei der frischen Froschhaut vorhanden sein (PRZYLECKI) und mit Bezug auf Harnstoff und Alkalien (?) überhaupt fehlen. Die überlebende Haut behält die ziemlich hohe Potentialdifferenz ihrer beiden Flächen stundenlang (RUBINSTEIN und MISKINOWA).

Die schon erwähnte innen und außen verschiedene Quellbarkeit der Haut wird durch Zusatz von Salzen stark beeinflußt. Sie bewirken meist eine Zunahme der Quellbarkeit der Außen- und eine Abnahme der Innenfläche und zwar bei Chloriden in der Reihenfolge $K > Rb > Co > NH_4 > Li > Na$.

Isotonische Rohr-, Trauben- und Fruchtzuckerlösungen wirken nur auf die Außen-, Harnstoff nur auf die Innenseite quellend, Ammoniumchlorid auf beide Seiten gleich. Andere Arbeiten (s. u. a. LOEB) beschäftigen sich mit dem Einfluß der Salze und ihrer Ionen auf die Wasserbewegung. Es würde zu weit führen, hier noch auf die Einzelheiten einzugehen.

Die Froschhaut ist für starke Mineralsäuren und Laugen nicht durchlässig, wohl aber für schwache, wobei lediglich der nicht dissoziierte Teil durchgeht und erst nachträglich dissoziiert. Säuren gehen rascher von innen nach außen, Basen umgekehrt. (Von einigem Interesse mit Bezug auf die Verhältnisse an der menschlichen Haut ist die von verschiedenen Autoren hervorgehobene leichte Durchlässigkeit der Froschhaut für Kohlensäure und Ammoniak.) Diese einseitige Permeabilität für Laugen und Säuren soll nach UHLENBUCK auf eine Änderung in der Ionenkonzentration, wie sie durch die unter dem Einfluß von Membranströmen zustande kommende Polarisation erfolgte, zurückzuführen sein. Die Außenseite der lebendigen Froschhaut ist der Innenseite gegenüber sauer und leicht permeabel, schwach dissoziierte Säuren werden unter dem Einfluß der Membranströme polarisiert. Das gleiche gilt für die Innenseite mit Bezug auf die Laugen. So können sich außen H- und innen OH-Ionen anhäufen und die einseitige Permeabilität bedingen. Der gleiche Autor bespricht den Einfluß der p_H-Werte. Basische Farbstoffe treten, wie erwähnt, wegen der alkalischen Reaktion innen und der sauren außen, von innen nach außen durch. Für andere Stoffe ist der Einfluß des p_H recht schwankend, für Chloride sehr gering. Der Porendurchmesser hat seiner Ansicht nach nichts zu bedeuten. Der Einfluß der Salze auf die Permeierungsfähigkeit verschiedener Stoffe wurde eingehend studiert, doch soll darauf hier nicht eingetreten werden.

Sulze fand, daß die verschiedenen Moleküle durch die Zellen mit einer Geschwindigkeit hindurchgetrieben werden, die ihrer Masse (also dem Molekulargewicht) umgekehrt proportional ist.

Für einzelne Substanzen spielt auch die Lipoidlöslichkeit eine Rolle, von der später die Rede sein wird, wie auch von dem Einfluß giftiger Stoffe auf die Durchlässigkeit von Salzen und Krystalloiden. Elektrische Durchströmung kann die Permeabilität vermehren, ist aber nicht imstande die einseitige Durchlässigkeit für bestimmte Substanzen zu ändern.

Am intakten Tier wird die Aufnahme und Abgabe von Wasser und anderen Substanzen durch die Tätigkeit der Nieren und die Quellung und Entquellung der Gewebe stark beeinflußt (Overton, Przylecki, Durig, Adolph u. a.). Doch sind auch diese am Frosch beobachteten Verhältnisse für das warmblütige Tier und den Menschen nicht von Belang. Jedenfalls aber zeigen sie in ihrer Allgemeinheit erfaßt, wie äußerst kompliziert schon bei diesem relativ einfachen Organ, das experimentell leicht verwendbar ist, die für eine Permeabilität notwendigen Bedingungen liegen.

Ältere Arbeiten.

Auf die frühesten wissenschaftlichen Anschauungen über die Permeabilität der menschlichen Haut einzutreten, lohnt sich kaum. Die Angaben von Parisot und Röhrig, daß Stoffe in Lösungen von Chloroform, Äther und Alkohol leicht durch die unversehrte Haut hindurchgehen, sind in dieser allgemeinen Fassung längst überholt, und die meisten ihrer Experimente haben sich bei der näheren Nachprüfung durch Winternitz als falsch erwiesen. Parisot glaubte auch an das Eindringen von wässerigen Lösungen von den Handtellern und Fußsohlen aus, Waller noch wie Parisot an die Aufnahme von Alkaloiden in Chloroformlösung, und Chizonscewski sowie v. Wolkenstein hielten die Haut von Menschen, Hunden und Katzen permeabel für alle möglichen in Wasser gelösten Substanzen. Auch Juhl fand die menschliche Haut für eine ganze Reihe von Substanzen (u. a. Fluorcyankalium, Tannin, Salicylsäure, Jod) leicht durchlässig. Fleischer, Ritter und Braune gehören zu den ersten, die solche weitgehende Behauptungen zurückwiesen. Winternitz schloß aus seinen Versuchen, daß Strychnin in Chloroform gelöst die Haut penetriere, widerlegte aber die Angaben Parisots von einer Atropinaufnahme aus einer Chloroformlösung von der Stirnhaut aus. In den meisten dieser Arbeiten, auf die bei ihrer sehr mangelhaften Technik nicht näher eingegangen werden soll, wurde aus den pharmakologischen Wirkungen auf die stattgehabte Aufnahme durch die Haut geschlossen. Winternitz, der auch noch die Resorption von Chlorlithium von der vorher mit Äther entfetteten Haut aus untersuchte und sie positiv, wenn auch sehr langsam fand, erging sich dann in Betrachtungen über die Bedingungen, die zu einer Hautpermeabilität für verschiedene Stoffe führen. Er dachte an eine Quellung der Hornschicht mit nachfolgender Diffusion oder an ein Hineinschlüpfen durch die Poren in die Capillarräume, deren Epithel alsdann leichter resorbiere. Jedenfalls müsse die Haut für die permeierende Flüssigkeit benetzbar sein. Auf diese Weise könnten wässerige Lösungen durchgehen. Alkohol, Äther, Chloroform und andere Stoffe mit ähnlichen Löslichkeitsverhältnissen, Lipoide also, könnten keine Quellung hervorrufen, wohl aber durch die Hautporen in die Tiefe gelangen und den nachfolgenden wässerigen Lösungen nachhelfen. Ölige Lösungen und Salben bildeten für die Resorption von in ihnen enthaltenen Stoffen ein hemmendes Moment. Reizwirkungen kämen nur vor, wenn schon etwas resorbiert sei und stellten nicht immer eine Hilfe für die Resorption dar.

Diese zum Teil überholten Auffassungen sollen später diskutiert werden. Es scheint mir von Wichtigkeit, an dieser Stelle zunächst auf die für die Ermittelung der Hautpermeabilität verwendeten Methoden kurz einzutreten, die anfangs durchaus mangelhaft und auch in späterer Zeit häufig genug nicht ausreichend genau waren.

Die Methoden.

Um die Durchlässigkeit der menschlichen oder tierischen Haut für einen Stoff zu prüfen, kann man nach seiner Applikation zu ermitteln suchen, ob er im Blute, im Urin oder in der Exspirationsluft erscheint. Falls es sich um einen rein qualitativen Nachweis und um nichtflüchtige Substanzen handelt, lassen negative, vor allem aber positive auf diese Weise erhaltene Resultate sichere Schlüsse zu. Aber schon für quantitative Bestimmungen ist diese einfache Methode durchaus ungenügend. Der Stoff kann nicht nur im Blute, sondern auch irgendwo im Gewebe zurückgehalten werden. In den meisten Fällen wird er jedenfalls recht langsam ausgeschieden, so daß sich die Untersuchungen über Tage, ja Wochen und Monate erstrecken, und eventuell auch noch auf Bestimmungen im Stuhl, im Speichel und im Schweiß ausdehnen müßten. Dadurch wird das Quantitative, selbst wenn es sich um körperfremde Substanzen handelt, illusorisch, d. h. es wird höchstens möglich sein, annähernd richtige Werte zu erhalten und etwa in Vergleichsversuchen zu entscheiden, ob von der einen Substanz mehr oder weniger durchgeht als von einer anderen. Will man aber die Permeabilität von *körpereigenen* Stoffen auch nur qualitativ ermitteln, dann versagt die erwähnte einfache Methode meist vollständig, da man gewöhnlich nicht wissen kann, ob das eventuelle Plus im Blute oder in den Ex- und Sekretionen auf Retentionen oder vermehrten Ausscheidungen des schon vorher vorhandenen oder auf eine Aufnahme von der Haut aus zurückzuführen ist. Handelt es sich schließlich um teilweise flüchtige Stoffe oder gar um Gase, dann muß dafür gesorgt sein, daß sie nicht durch die Einatmung in den Organismus gelangen können, falls man über ihre Permeabilität durch die Haut sichere Resultate gewinnen will.

Das kann man erreichen, indem man die Versuchsperson bzw. das Versuchstier vermittels einer Maske Luft aus einem anderen Zimmer oder direkt durch das Fenster hindurch aus dem freien Raume einatmen läßt. Juliusberg, der die Penetration des Quecksilbers durch die Haut an einem Hunde festzustellen suchte, hat sogar in einer Versuchsanordnung, die des Komischen nicht ganz entbehrt, den Kopf des Tieres durch die Wand des einen Zimmers hindurch gut abgedichtet in einen benachbarten Raum gesteckt, um ja zu verhindern, daß Quecksilber von der Applikationsstelle her in die Atmungsluft gelangen könne. Von dem gleichen Prinzip sind die Versuche geleitet, bei denen eine ganze Extremität oder sogar die ganze Versuchsperson mit Ausschluß des Kopfes in einen gut verschließenden Kautschuksack hineingebracht wurde, unter dem dann die Aufnahme bzw. Abgabe der zu dem untersuchenden Stoffe ohne Beeinflussung durch Respirationsanfang vor sich gehen konnte. Kritisch wäre mit Bezug auf diese Methoden zu sagen, daß die Einatmung aus dem freien Raum durch Masken, selbst bei Verwendung relativ langer Schläuche, keine absolute Garantie für die Reinheit des Versuches geben kann und bei Tieren und Menschen recht unbequem ist, und daß diese Unbequemlichkeit bei dem Einschließen ganzer Extremitäten oder sogar des gesamten Leibes in einen Gummisack erst recht besteht und daher wenig benutzt wurde; ferner daß sich die Juliusbergsche Anordnung bei einem Menschen jedenfalls nicht durchführen läßt. Immerhin geben die letztgenannten drei Methoden eine fast vollständige Sicherheit für die Entscheidung der Frage, ob eine Substanz von der Haut aus aufgenommen oder durch sie ausgeschieden wird. Unabhängig von Hediger, dem aber das Verdienst zukommt, diese Methode vorher, freilich nur für die Ermittlung der Kohlensäurepermeabilität verwendet zu haben, kam der Verfasser dann auf den Gedanken, die auf ihre Permeität zu untersuchenden Substanzen, gelöst oder ungelöst, in einem halbkugeligen Rezipienten auf mehr oder weniger große Hautpartien aufzukleben, um dann teils an ihrer Verminderung (oder Vermehrung) in diesem Gefäß, teils an ihrer Anreicherung im Blute oder an ihren Ausscheidungen aus dem Körper festzustellen, ob sie durch die Cutis hindurchgegangen sind oder nicht. Die von mir fast durchweg verwendete Methode beruht im Grunde auf demselben Prinzip, das schon v. Willebrand für die Bestimmung der durch die Haut ausgeschiedenen Kohlensäure diente. Anstatt den ganzen Körper mit Ausschluß des Kopfes in einen gut abgedichteten Gummibehälter zu bringen, hat man, wie oben erwähnt (s. u. a. JULIUSBERG), den Kopf von Tieren in ein anderes Zimmer oder, was einfacher war, in einen anderen Käfig gebracht und den Leib, auf den man die zu untersuchenden Substanzen einwirken ließ, gut gegen den Kopf abgedichtet oder Extremitäten, von denen aus man die Stoffe eindringen lassen wollte, in einem Gummisack oder in einem gläsernen Plethysmographen sicher abgeschlossen. Die HEDIGERsche Methode bedeutet daher vor allem eine Vereinfachung. Sie war auch schon einmal vor ihm durch FEHÈR und ZACK benutzt worden, und es war für mich selbstverständlicherweise notwendig, sie auszubauen und damit erst allgemein brauchbar zu machen. Die vielfach nachgeprüfte Dichtigkeit eines solchen Apparates vorausgesetzt, gestattet diese Methode nicht nur die Permeabilität eines jeden Stoffes sicher festzustellen, sondern meist auch ihre Geschwindigkeit und Größe an seiner Abnahme in dem halbkugeligen Rezipienten zu messen. Die Methode ist daher nicht nur für die Untersuchungen an flüchtigen Stoffen, für die sie geradezu unerläßlich ist, zweckmäßig, sondern auch für die von in Wasser gelösten Salzen und anderen Krystalloiden und Kolloiden, ja sie ist sogar bei der Verwendung von in Salbenform aufgelegten Substanzen und Substanzgemengen zu empfehlen, weil sie eine genaue Abgrenzung der Applikationsfläche gestattet und jedes Verschmieren anderer Stellen ebenso verhindert wie das bei Tieren sonst leicht vorkommende Ablecken und Verschlucken der auf die Haut gebrachten Stoffe. Untersucht man in dieser Weise die Durchgängigkeit von Salben und Salbengrundlagen, so kann man bei Verwendung dieser Methode sogar versuchen, das nach dem Experiment Zurückgebliebene quantitativ — freilich nur relativ genau — von der Haut abzunehmen und zu untersuchen. Bei Verwendung von in Wasser oder in einem anderen Lösungsmittel vorhandenen Stoffen, seien es nun Krystalloide, Kolloide oder Gase, sowie von verschiedenen Flüssigkeiten oder Gasen haben wir allerdings bei dieser Methode zu bedenken, daß eventuell keine Resorption, sondern nur eine Adsorption an die Haut stattgefunden haben könnte, und daß daher die Bestimmung des Rückstandes in dem aufgeklebten Gefäß keine sichere Zahl für das tatsächlich Resorbierte darstelle. Wir haben die eventuelle Adsorption aber oft nachgeprüft und niemals konstatieren können, daß sie nicht von einer Resorption gefolgt sei, womit nicht gesagt sein soll, daß das in einzelnen Fällen nicht doch vorkommen könne. Handelt es sich um einen rein qualitativen Nachweis, dann geht man am sichersten, wenn man gleichzeitig, falls das möglich ist, auch die Ausscheidungen nachprüft.

Diese von BÜRGI in ihrer generellen Bedeutung für die Frage der Hautpermeabilität zuerst erkannte und von ihm und seinen Mitarbeitern für fast alle seine Versuche verwendete Methode soll hier eine eingehende

Schilderung erfahren. Die von ihm verwendeten Apparate bestehen aus halbkugeligen, unten offenen Glasgefäßen von verschiedener Größe. Zunächst wurden nur Apparate von 30 und 75 ccm Inhalt benutzt, später kamen auch andere Größen und zum Teil auch andere Formen in Gebrauch, je nach den Anforderungen des Versuches. Der freie Rand war etwa $1^1/_2$ cm horizontal umgebogen, und auf ihn, der auf die Haut zu liegen kam, wurde die Abdichtungsmasse aufgetragen. Die Gefäße werden vermittels zweier, oben an der Halbkugel befindlichen Glasröhren, die mit Hähnen versehen sind, an die Schläuche angesetzt werden können, gefüllt und entleert. Nach unbefriedigenden Versuchen mit Gummilösungen, Kollodium und Kanadabalsam diente für die ersten Versuche mit CO_2 und H_2S als Abdichtungsmittel ein Gemisch aus Bienenwachs und Vaselin. Für andere Stoffe mußten gelegentlich auch andere Klebemittel verwendet werden. Hierüber ist in den betreffenden Abschnitten Genaueres angegeben. Dieses Gemisch durfte weder zerfließen, noch zu trocken und dadurch zu brüchig sein. Sein Schmelzpunkt lag bei 32°. Um die Undurchlässigkeit dieser Abdichtung zu kontrollieren, wurde das Glasgefäß mit der genannten Masse auf eine Glasplatte gebracht, mit einer wässerigen CO_2-Lösung von ermittelter Konzentration versehen und so 24 Stunden lang stehen gelassen; nachher wurde der Inhalt entleert und analysiert, wobei er sich als unverändert erwies. Es war also weder CO_2 aus der Luft in das Gefäß eingedrungen, noch von dem Gefäß an die Luft abgegeben worden. Diese Versuche wurden mehrmals wiederholt und immer mit demselben Resultate. Um den Einwand zu entkräften, die Abdichtung könnte bei Applikation des Apparates auf die Haut nicht genügen, d. h. es könnte zwischen der Haut und dem Glasrand doch etwas entweichen, wurde das Gefäß mit in Wasser gelöstem H_2S gefüllt und um den abgedichteten Rand herum Bleiacetatlösung auf die Haut gebracht. Niemals trat eine Schwarzfärbung dieser Flüssigkeit auf. Bei der Füllung des Rezipienten, auf die im einzelnen anläßlich der Besprechung der verschiedenen Versuche nochmals eingegangen werden soll, wurde die Versuchsperson bzw. das Versuchstier (oder die Glasplatte bei den Kontrollversuchen) schräg gelagert, so daß stets ein Glasrohr des Gefäßes tiefer stand als das andere. Durch den unteren Tubus wurde die Glasglocke unter Druck gefüllt, so daß die Luft durch das obere Glasrohr entweichen mußte. Auf diese Weise wurde eine totale Füllung des Rezipienten ermöglicht und jedesmal auch durchgeführt. Hätte man die Flüssigkeit durch Ansaugen hineingebracht, wäre immer ein störendes Druckminus entstanden. Gleichzeitig mit dem Einfüllen in den Glasbehälter wurde durch Druck von unten her eine Pipette mit der zu untersuchenden Flüssigkeit gefüllt, um in ihr die Anfangskonzentration zu ermitteln. Wenn dann am Ende des Versuches die gleiche Bestimmung vorgenommen werden sollte, wurde der Apparat wiederum in eine schräge Stellung gebracht, am unteren Tubus eine Pipette angesetzt und durch den Druck gefüllt, der durch Einblasen in den oberen Schenkel erzeugt wurde.

Für die Bestimmung der Penetrationsfähigkeit von in Salbenform aufgetragenen Substanzen, die nicht flüchtig sind, genügt selbstverständlich ein bloßes Decken der Applikationsstelle mit dem Behälter, dessen Größe je nach dem Versuchsquantum gewählt werden kann. Das gleiche gilt für flüchtige Körper, wie z. B. für Quecksilber, wenn die Resorption nur an Hand der eventuellen Ausscheidungen geprüft werden sollte. Bei Kaninchen haben wir oft einen verhältnismäßig großen Rezipienten mit rechteckiger Grundfläche verwendet. Man kann natürlich die Form immer der zu benutzenden Hautoberfläche adaptieren. Die Mamillen dürfen niemals in die resorbierende Gegend hineingeraten, da sie infolge ihrer sehr zarten Haut und ihres Ausführungsganges andere, der Resorption jedenfalls zugänglichere Verhältnisse bieten.

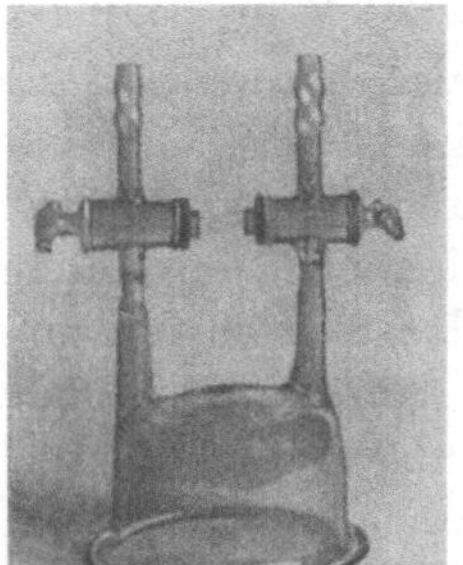

Abb. 1.

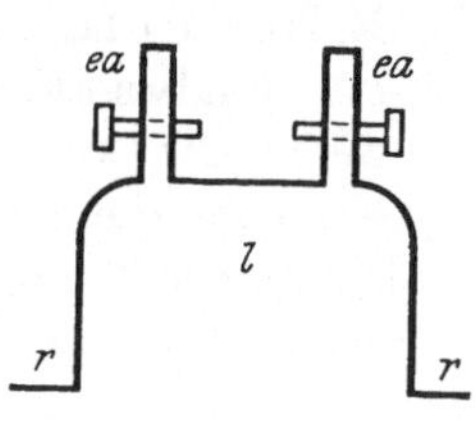

Abb. 2.

Am Menschen wählten wir als Resorptionsfläche je nach den Forderungen des Versuches die Haut des Bauches, des Unterarmes oder des Oberschenkels, bei gewissen ausnahmsweisen Versuchen auch andere Hautstellen. Meist — und bei Tierversuchen immer — fixierten wir den Behälter mit Binden, um mechanische Verschiebungen zu vermeiden. Die Tiere wurden zudem gefesselt, bei Menschen genügte die Anordnung der Ruhelage. Die Form der Behälter geben die Abbildungen 1 und 2 wieder.

Verschiedene Autoren haben auch an der herausgeschnittenen Tier- oder Menschenhaut Versuche über die Permeabilität gemacht, vor allem mit Farbstoffen und in der Absicht, zu ermitteln, bis in welche Tiefe die aufgetragenen Substanzen eingedrungen waren oder welche Veränderungen sie dabei erlitten hatten. Auf diese Experimente soll bei der Besprechung der hierzu verwendeten Substanzen näher eingegangen werden.

Wasser und anorganische Salze.

In erster Linie scheint es von Wichtigkeit, zu wissen, ob die Haut des Menschen *wasserdurchlässig* ist, dann, ob das Wasser nicht nur abgegeben, sondern auch aufgenommen werden könne. Was zunächst die

Abgabe betrifft, so darf nicht vergessen werden, daß sie vornehmlich, wenn nicht ausschließlich durch die Schweißdrüsensekretion bedingt ist, und daß mit derselben auch andere Stoffe aus dem Organismus herausbefördert werden. Ob daneben auch noch eine Durchlässigkeit durch Diffusion besteht, dürfte schwer festzustellen sein. Versuche an Wassertieren, an Amphibien, namentlich an Fröschen, an Reptilien, Mollusken, Insekten, Anneliden und Isopoden sind in großer Zahl ausgeführt worden (s. u. a. DE STEFANI COLORI). Sie sind aber für die menschliche Haut keineswegs maßgebend, ja nicht einmal brauchbar. SCHWENKENBECHER, der die Veränderungen des Körpergewichtes unter dem Einfluß verschiedener Bäder untersuchte, fand die Abgabe von Wasser in einem behaglichen warmen Bade von 32—35° am geringsten; enthält das Badewasser Kochsalz, dann wird weniger Wasser abgegeben. Badet man verschiedene Menschen in Ringerlösung, so zeigen sich starke individuelle Unterschiede. H. WHITEHOUSE und HALDANE behaupten, daß die Abgabe von nahezu aller Feuchtigkeit durch die Haut bei Ruhe und unter gewöhnlicher Temperatur nach den Gesetzen der Osmose und Diffusion erfolge. In stark salzhaltigen Bädern nehme sie dementsprechend zu, und erst von einer gewissen Steigerung der Hauttemperatur an, die zunächst nur die Osmose fördert, trete Schweiß auf. Der Austritt der Gase gehe dem des Wassers parallel. Diese Angaben entbehren der genaueren experimentellen Grundlage.

TRAUBE geht von grob-physikalischen Auffassungen aus und glaubt, daß der Mensch in einem Mineralwasserbad Wasser nach osmotischen Gesetzen abgeben müsse. Seine Vergleiche mit dem Verhalten von Wassertieren sind zu beanstanden.

Über eine *Wasseraufnahme* durch die menschliche Haut berichten eine große Zahl von Autoren. K. EIMER brachte Patienten, die einen erheblichen Wasserverlust erlitten hatten, in ein lauwarmes Bad. Es fand aber keine nennenswerte Wasserresorption statt, ob man nun vorher durch ein Schwitzbad oder durch Salyrgan eine Entwässerung herbeigeführt hatte. Die umgekehrten Angaben STEYSKALS wurden angefochten. Wasser dringt nur in die ganz äußerlichsten Schichten der Haut etwas ein. G. FEHÈR und E. ZACK wollen mit Hilfe eines Psychrometers den Nachweis erbracht haben, daß die menschliche Haut Wasser aus der Luft aufnehmen kann, das dann rasch in die Tiefe dringe (s. auch E. ZACK). Sie nennen das Perspiratio insensibilis negativa. Das Gefäß war luftdicht auf die Haut des Menschen gebracht und die Abnahme der in ihm enthaltenen Flüssigkeit gemessen worden. Mit einem besonders genauen Haarhygrometer (BÜTTNER) arbeitete H. KLAPPICH. Die von ihm verwendete Methodik zeichnet sich durch größte Exaktheit aus. Die Temperatur und die Feuchtigkeit der Haut sowie der umgebenden Luft wurden immer gewissenhaft kontrolliert.

KLAPPICH stellte den Begriff der Überfeuchte auf, die das Dampfdruckgefälle von Haut zu Luft angibt. Ihr ist die Hautwasserabgabe proportional, ihr und einem Verdunstungskoeffizienten, der eine Funktion der Flächenkrümmung, des Luftdruckes und der Windgeschwindigkeit darstellt. Mit steigendem Winde nimmt die Überfeuchte ab. Da jedoch dabei die Verdunstungsstärke umgekehrt wächst, ist die Hautwasserabgabe von der Windgeschwindigkeit unabhängig. Ebenso wird sie von der relativen Luftfeuchtigkeit nicht beeinflußt, da die letztere keinen Einfluß auf die Überfeuchte hat. Die letztere und damit auch die Hautwasserabgabe steigen bei gleichem Wind mit der Hauttemperatur und der Abkühlungstemperatur. Mit steigender absoluter Luftfeuchtigkeit nimmt auch die absolute Hautfeuchtigkeit zu. Die Angabe ZACKS, daß die Haut aus der Luft Wasser aufnehme, wurde von KLAPPICH widerlegt.

Die relative Feuchtigkeit der verschiedenen Körperstellen hängt im wesentlichen von der Zahl der an ihnen vorhandenen Schweißdrüsen ab. Sensible und insensible Perspiratio erfolgen ausschließlich durch die Schweißdrüsen, und die Haut ist durch eine besondere Schicht vor dem Eindringen von Wasser geschützt.

Nach diesen Untersuchungen ist es kaum noch möglich, an eine irgendwie nennenswerte Aufnahme von Wasser durch die Haut zu glauben, und die Abgabe muß als eine Drüsenfunktion und nicht als ein Dialysieren betrachtet werden. (Siehe hier immerhin die Versuche von E. NISHIMURA über die Quellbarkeit von herausgeschnittenen Stücken menschlicher Haut und die später genauer wiedergegebenen Experimente MENSCHELS.)

Auch die *Abgabe anderer Stoffe* durch die Haut dürfte fast ausschließlich, wenn man von diffundierenden Gasen absieht, durch die Schweiß- und Talgdrüsen vor sich gehen. Sie hat daher auch für unsere Betrachtungen keine besondere Bedeutung und soll hier nicht eingehend behandelt werden. Nach SCHWENKENBECHER und SPITTA scheidet der Mensch bei Ruhe ungefähr gleich viel Kochsalz und Stickstoff durch die Haut aus, etwa $^1/_3$ g pro Tag, bei starkem Schwitzen das Dreifache. Auf die Ausscheidung kleinster Mengen der im Blute vorhandenen Abbauprodukte, die starke Vermehrung dieser Abgaben bei Nierenerkrankungen und das Austreten von Arzneien wie Brom, Jod und andere Stoffe sei hier nur kurz hingewiesen (s. a. F. PLUM). Verschiedene Autoren behaupten den Austritt von Elektrolyten aus dem Blute durch die Haut in hypotonisches Badewasser. Die Mengen sind aber so gering und die angewendeten Methoden so grobe, daß die Frage als unentschieden gelten muß.

Die Frage der *Ionendurchlässigkeit* der Haut wurde oft studiert. Wenn man die Verhältnisse zuerst theoretisch betrachtet und eine

Ionenpermeabilität für möglich hält, so müßte logischerweise nicht nur mit der Differenz von Ionenkonzentrationen auf beiden Seiten der Membran (die zudem eine mehrschichtige ist), sondern sogar bei Annahme möglichst einfacher Bedingungen und bei Außerachtlassen vitaler Kräfte mit den Tatsachen des DONNANschen Gleichgewichtes gerechnet werden, was jedoch in den vorliegenden Arbeiten beständig ignoriert wurde. Diese Vernachlässigung erklärt sich aber zwanglos aus der ohnehin sehr komplizierten Sachlage, bei der man über die Feststellung von Einzelheiten kaum hinauskommt. PH. KELKER, der über die Ionendurchlässigkeit in Badewässern mit Bezug auf die Aachener Kaiserquelle arbeitete, bemerkte, daß dieses alkalisch-muriatische Schwefelwasser in seiner Elektrolytenkonzentration der Epidermisflüssigkeit gegenüber hypotonisch sei. Es komme demnach zu einem Austritt der Ionen aus der Haut, entsprechend der elektronegativen Ladung, die das Thermalwasser der Oberfläche der Epidermis erteile, und zwar vorwiegend zu einem Austritt der Kationen. Eine künstlich angesäuerte Haut werde durch den Gehalt des Badewassers an Bicarbonaten in 10—15 min umgeladen, eine künstlich alkalisierte durch die Kohlensäure. Hier ist also die Rede von einem Austritt gewisser Ionen aus dem Blute in das die Haut umspülende Wasser. Die von KELKER aufgestellten Behauptungen sind aber durch keine genaueren Untersuchungen begründet. K. HARPUDER stützt sich auf elektrophysiologische Vorgänge, die gezeigt hätten, daß je nach den Untersuchungsbedingungen eine Durchlässigkeit für verschiedene Elektrolyte besteht, deren Größe und Richtung von der Zusammensetzung und der Reaktion der Lösungen sowie von dem Funktionszustand der Haut, die sich beeinflussen lassen, abhängig sei.

GÜNTHER prüfte die *Resorption von Salzen*, indem er sie gelöst als Armbad oder in Form von feuchten Umschlägen auf die Brust applizierte. Unter diesen Salzen figurieren: NaJ, KJ, KNO_3, $LiNO_3(NH_4)J$, $Ca(NO_3)_2$. Er will nach diesen Prozeduren Jod, Salpetersäure und Lithium im Urin nachgewiesen haben, doch ist die Richtigkeit dieser Angaben restlos zu bezweifeln. (Siehe auch KAHLENBERG, der zu ähnlichen Auffassungen kam, sowie A. BRACHET über die Resorption von Säuren, deren Permeabilität dem Molekulargewicht umgekehrt proportional sein soll.)

Eine andere Art des Nachweises verwendete ANTONIBON ARRIGO. Er tauchte seine Hand 10 min lang in eine genau titrierte Lösung verschiedener Substanzen ein und konnte durch die Rücktitration die Absorption gewisser Mengen feststellen. Während des Versuches bewegte er die Hand in der Flüssigkeit. Er will auf diese Weise die Resorption von Chlor, von Jod aus Jodkalium sowie von Phenol, Salicylsäure und Pikrinsäure nachgewiesen haben. Wenn die Versuche richtig durchgeführt worden sind, so könnte es sich wohl nur um eine leichte Adsorption an die Haut der Hand gehandelt haben.

Ein exakter Nachweis fehlt, dürfte auch wegen der sicher sehr geringen Mengen von Elektrolyten, die eventuell unter gewissen Bedingungen ein- oder austreten, schwer zu leisten sein, es sei denn, man bringe die Haut so recht zum Schwitzen. Immerhin halte ich es für möglich, daß bei krankhafter Salzretention im Organismus etwas beträchtlichere Elektrolytenmengen in ein stark hypotonisches Badewasser übergehen könnten.

Die Verhältnisse, wie sie beim Menschen vorliegen, sind mit den bei Wassertieren vorhandenen unvergleichbar. Die Großzahl der vorliegenden Untersuchungen macht es nur klar, daß die Haut des Menschen nicht nur gegen die Aufnahme, sondern auch gegen die Abgabe von Wasser und Elektrolyten, wenn wir von dem vitalen Akte des Schwitzens, der seine besondere Bedeutung hat, absehen, weitgehend geschützt ist.

Untersuchungen über die Abgabe von Elektrolyten und anderen Substanzen an die Haut umspülendes destilliertes Wasser, die von S. Bürgi mit meinem Apparate vorgenommen worden sind, haben vorläufig nur das eine Resultat ergeben, daß nämlich eine solche Abgabe bei gesunden Menschen nur eine äußerst minimale sein kann.

Eigene Untersuchungen über die Resorption von Salzen durch die Haut.

Eine erste Untersuchung über die Permeabilität von Salzen durch die Haut führte auf dem Bürgischen Institute Gerhard Lehmann aus. Die Versuche wurden wiederum mit dem beschriebenen Behälter vorgenommen, und sie sind in den Arch. internat. Pharmacodynamie **55** (1937) zur Publikation gekommen. Die Salzkonzentration der in dem Rezipienten befindlichen Lösung wurde vor und nach dem Versuche gemessen, und aus der Differenz ergab sich dann die Resorptionsmenge. Das Glasgefäß wurde auf die volare Seite des einen Vorderarmes gebracht und daselbst abgedichtet. Es handelte sich nur um wenige Experimente, die ihrer durchgehend negativen Resultate wegen nur kurz wiedergegeben werden sollen. Bei dreistündiger Applikation einer 1proz. NaCl-Lösung ging nichts durch und bei einer gleich langen Verwendung von 3- und von 2proz. $CaCl_2$-Lösungen ebenfalls nicht. Die gleichen Salzlösungen wurden zum Teil rein, zum Teil mit CO_2 gesättigt auf den Arm gebracht, aber bei beiden Versuchsanordnungen hatten wir dasselbe negative Resultat.

Die Kohlensäure besitzt demnach nicht die Fähigkeit, die Permeabilität von Neutralsalzen in den verwendeten Konzentrationen zu beeinflussen.

Nach diesen negativen Resultaten schien es uns aber doch notwendig, die Resorptionsverhältnisse der Haut gegenüber Salzlösungen etwas genauer zu studieren und dabei auch hochkonzentrierte Lösungen, namentlich von Kochsalz, die in der medizinischen Praxis als sog. Sole eine große Bedeutung erlangt haben, mit in Berücksichtigung zu ziehen.

Riniker untersuchte auf dem pharmakologischen Institute Bern auf meine Veranlassung das Verhalten von NaCl- und KJ-Lösungen verschiedenster Konzentration unter Verwendung des beschriebenen Behälters, der für seine Zwecke ein Fassungsvermögen von 30 ccm und eine offene Fläche von 14 qcm hatte. Als Abdichtungsmasse wurde ein Gemisch von Bienenwachs und Vaseline verwendet. Es handelte sich um lauter Selbstversuche, die an der Volarseite des linken und rechten Vorderarmes vorgenommen wurden. Die Resorptionsgröße wurde aus der Differenz der Anfangs- und Endkonzentration der in dem Rezipienten befindlichen Lösungen bestimmt, und zwar kamen hierfür drei Methoden zur Verwendung, eine titrimetrische, eine elektrische und eine interferometrische. Die elektrische, welche die Messung der Konzentrationsveränderungen aus den Widerständen gegenüber dem galvanischen Strom zu erreichen suchte, scheiterte an dem Übelstande, daß eine 20proz. NaCl-Probelösung sich gegen schwache Ströme bis zu 15 mA refraktär erwies, bei stärkeren Strömen aber die Polarisation zu intensiv wurde. Die titrimetrische Methode gab zum Teil brauchbare Resultate, war aber doch nicht fein genug, und die besten Ergebnisse wurden vermittels interferometrischer Messungen erzielt.

Über die mit der Titration erhaltenen Resultate (Fällung mit $^{n}/_{10}$-$AgNO_3$, Filtration, Zurücktitrierung des überschüssigen Silbernitrates mit Ammoniumrhodanid und Ammonalaun als Indicator) orientiert die Tabelle auf S. 16.

Die Resultate waren bei Verwendung hypotonischer Lösungen variierend, und wir haben hier wohl in erster Linie an einen wechselnden Funktionszustand der Haut zu denken. In einigen Fällen wurde die Haut vielleicht durch das Abwaschen mit Alkohol und Wasser und ein nachfolgendes, zu starkes Reiben etwas gereizt und dadurch aufnahmefähiger. Im großen und ganzen aber läßt sich aus diesen Resultaten mit Sicherheit schließen, daß bei Verwendung hypotonischer, isotonischer und leicht hypertonischer Lösungen keine oder nur eine äußerst minimale Resorption stattfindet. Vorgreifend sei gesagt, daß mit *Jodkaliumlösungen* die prinzipiell gleichen Resultate gewonnen wurden. Bei Applikation des mit stark hypertonischen Lösungen versehenen Behälters dagegen war die Permeabilität beträchtlich und ihre Werte stiegen deutlich mit der Konzentration an. Um dieses, namentlich für die Balneologie wichtige Ergebnis genauer zu studieren, wurde die Resorption aus höher konzentrierten NaCl-Lösungen noch eingehender

Tabelle 1.

Nr.	NaCl in %	Resorption in mg während		
		1 Stunde	2 Stunden	3 Stunden
1	0	—0,21	—	—0,39
2	0,111	0	—	—
3	0,143	0	—	—
4	0,295	0	—	—
5	0,456	1,1	—	—
6	0,534	7,7	—	—
7	0,553	0	—	—
8	0,559	5,8	—	—
9	0,579	3,9	—	—
10	0,629	0	0	—
11	1,180	0	0	—
12	2,870	0	—	—
13	10,892	0	0	—
14	20,758	53,1	—	—
15	21,331	38,2	—	—
16	26,471	—	—	26,5
17	26,458	—	—	179,3

Die Striche bedeuten, daß gar nicht untersucht wurde, die Nullen, daß das Resultat ein negatives war.

unter Zuhilfenahme der interferometrischen Methode untersucht, die speziell bei hochkonzentrierten Lösungen genauere Zahlen gibt als die titrimetrische. Die Ergebnisse sind in der nachfolgenden Tabelle zusammengestellt.

Tabelle 2.

NaCl in %	Resorption in mg nach			Totalresorption während	
	1 Stunde	2 Stunden	3 Stunden	2 Stunden	3 Stunden
15,0	12,8	4,7	1,3	17,5	18,8
15,0	8,2	6,7	2,8	14,9	17,7
17,5	6,9	3,7	25,4	10,6	36,0
20,5	64,7	41,4	54,3	106,1	160,4
22,5	98,0	50,4	80,2	148,4	228,6
22,5	59,4	49,4	72,7	108,8	181,5
24,0	26,7	90,5	17,7	117,2	134,9
27,5	71,5	15,7	23,7	87,2	110,9
27,5	56,9	33,5	21,7	90,4	112,1
			Mittelwerte		
15,0	10,5	5,7	2,0	16,2	18,2
17,5	6,9	3,7	25,4	10,6	36,0
20,5	64,7	41,4	54,3	106,1	160,4
22,5	78,7	49,9	76,4	128,6	205,0
24,0	26,7	90,5	17,7	117,2	134,9
27,5	64,2	24,6	22,7	88,8	111,5

Im allgemeinen ergibt sich aus diesen Zahlen, daß die Resorption mit steigender Konzentration der applizierten Lösungen zunimmt, was dem erhöhten Gefälle von außen nach innen entsprechen dürfte. Von 22,5% an aufwärts nimmt aber die Resorption wieder ab. Sie wurde bei Verwendung von 15, 22,5 und 25% Lösungen oftmals untersucht, aber alle Nachprüfungen bestätigen dieses Resultat.

Die beiden hier wiedergegebenen Kurven mögen die festgestellten Verhältnisse anschaulicher gestalten. Aus ihnen scheint u. a. deutlich

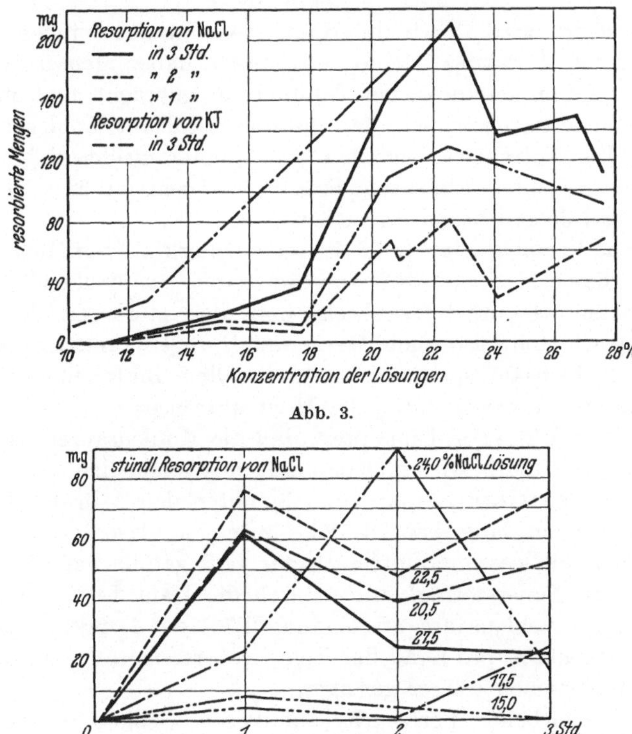

Abb. 3.

Abb. 4.

hervorzugehen, daß bei Verwendung der höchsten Konzentrationen (24 und 27,5%) vor allem ein Absinken der Resorption in der dritten und eventuell schon in der zweiten Applikationsstunde eintritt, was wohl am einfachsten mit der Annahme einer zunehmenden Blockierung durch das schon eingedrungene und in den tieferen Schichten der Haut befindliche Salz erklärt wird. Noch einfacher, aber unseres Erachtens weniger wahrscheinlich, wäre die Annahme einer durch die geringere Menge des lösenden Wassers bedingte Erschwerung des Eintrittes von NaCl in die Haut. Das wesentlichste Ergebnis unserer Untersuchungen ist die Feststellung, daß erst bei erheblichen Kochsalzkonzentrationen eine Permeabilität von einiger Bedeutung erfolgt, so daß man nur bei Verwendung von eigentlichen Solen von einer percutanen Kochsalztherapie chemisch-pharmakologischer Art reden darf, von einer Therapie also, die nicht nur auf einer physikalischen Reizwirkung der Haut beruht.

Gase.

Die Kohlensäure.

Kohlensäure wird durch die Haut sowohl aufgenommen wie ausgeschieden. v. Willebrand und Schierbeck haben Menschen in einen oben und unten geschlossenen Gummisack gebracht und mit Hilfe dieser Methode nachgewiesen, daß die normale Haut Kohlensäure ausscheidet. Der Betrag war ziemlich konstant, er machte 0,3—0,35 pro Stunde aus, bei einer Außentemperatur von mehr als 32° nahm er zu und konnte 1,35 pro Stunde erreichen.

Ähnliche Versuche machte W. Endres bei erkrankten Menschen und fand mit dieser Methode, daß Basedowkranke, wahrscheinlich infolge des erhöhten Gesamtstoffwechsels und der stärkeren Hautdurchblutung, sowie teilweise auch Herz- und Lungenkranke infolge einer erhöhten Kohlensäurespannung im arteriellen Blute eine vermehrte Ausscheidung des Gases durch die Haut aufweisen.

Ellman und Taylor behaupten, daß die Kohlensäureausscheidung sowohl im Sauerstoff- wie im Kohlensäurebad zunehme.

A. Emstene, Carlton und Volk brachten den Arm der Versuchsperson 3 Stunden lang bei 20—26° in einen gläsernen Plethysmographen, der mit wasserdampfgesättigter Luft gefüllt war. Bei 17 Personen war die Sauerstoffaufnahme durch die Haut 1,9% der Lungenaufnahme, die Kohlensäureausscheidung 2,7% der Lungenabgabe. Der Gasaustausch nahm pro Grad der Temperatursteigerung um 8 ccm zu, bei älteren Personen war er geringer.

Einen wesentlichen Fortschritt auf diesem Gebiete verdanken wir Hediger, der zum erstenmale den sicheren Nachweis der Kohlendioxydresorption aus wässerigen Lösungen erbrachte. Auf seine Methodik, die der meinen im Prinzip gleich ist, wurde schon hingewiesen. Er füllte auf die Haut luftdicht geklebte Gefäße mit Lösungen von Kohlensäure in Wasser und berechnete die Aufnahme der letzteren durch die Haut aus ihrer Abnahme im Rezipienten. Eine Resorption fand nach seinen Untersuchungen so lange statt, bis sich die CO_2-Konzentration im Gefäß mit der des Gewebes ins Gleichgewicht gesetzt hatte. Verwendete er reines, d. h. CO_2-freies Wasser so ging Kohlendioxyd aus dem Organismus in das Gefäß. Daraus zog er den Schluß, daß der Kohlensäuredurchtritt nach rein physikalischen Gesetzen vor sich geht. Aus einer Kohlensäurelösung von 73 Vol.-% gingen in einer $^{1}/_{2}$ Stunde etwa 10 ccm CO_2 durch 33 qcm Haut, aus einer 40proz. Lösung in derselben Zeit nur noch 5,3 und aus einer 24proz. 3 ccm. Trockene Haut erwies sich als ein Hindernis. Die Arbeit HEDIGERS hat die Frage der CO_2-Aufnahme und -Abgabe durch die Haut geklärt. Vor ihm wurde oft aus der vermehrten CO_2-Ausscheidung durch die Lunge auf eine CO_2-Aufnahme von der Haut aus geschlossen (MOUGEOT und AUBERTOT u. a.). LAQUEUR und GOTTHEIT verwiesen mit Recht auf die Unmöglichkeit aus Gaswechselversuchen im Kohlensäurebade die Frage der Hautresorption des Gases entscheiden zu wollen, da auch im Süßwasserbade eine vermehrte Lungenausscheidung der CO_2 eintrete, und auch LILJESTRAND sowie MAGNUS betonen die während eines Bades durch Überventilation entstehende Vermehrung der Kohlensäureabgabe (s. a. GRÖDEL).

Die Einwände von DEDE gegen HEDIGER sind nicht von Bedeutung. Er vergaß bei seinen chemisch-physikalischen Berechnungen, daß HEDIGER den Kohlensäuregehalt in dem Wasser des Behälters nicht in Gewichts-, sondern in Volumprozenten angegeben hatte.

SALZMANN hat für seine Experimente ein Ferkel in einen vorn und hinten annähernd (!) luftdicht geschlossenen Gummisack gebracht und während $3^{1}/_{2}$ Stunden 30 l *Kohlenmonoxyd* unter Druck auf die Haut des Tieres einwirken lassen, ohne das Gas nachher im Blute nachweisen zu können. Es handelt sich hier aber um *Kohlenmonoxyd* und nicht um Kohlendioxyd. Schon FLURY hatte nachgewiesen, daß das erstere nicht durch die Haut geht, und vor ihm war schon RÖHRIG zu ähnlichen Ergebnissen gekommen. Kohlenmonoxyd ist nicht wasser- und auch nicht gut lipoidlöslich und verhält sich wohl aus diesen Gründen durchaus anders als das Kohlendioxyd.

Die Arbeiten von KRAMER und SARRE sowie von HÄEUSSLER sind beträchtliche Zeit nach den auf meinem Institute von SCHMID und LEHMANN ausgeführten, die ihnen offenbar entgangen waren, erschienen. Nach ihnen hängt bei bestimmter Temperatur und konstanter Hautdurchblutung die Diffusion der CO_2 nur mehr ab von der Spannungsdifferenz zwischen der CO_2 im Bade und im Blute. KRAMER und SARRE arbeiteten nach der HEDIGERschen Methode und verwendeten für die CO_2-Bestimmung die SLYKEsche Gasanalyse. Sie fanden die Aufnahme bei einer hyperämisierten Haut 4—5mal größer, bei der durch Adrenalin anämisch gemachten deutlich gehemmt. Eine Speicherung in der Haut fand nicht statt, da die Kohlensäure vom Blute aus gleich fortgeführt wird.

Die Differenzen in den Berechnungen zwischen HEDIGER einerseits und KRAMER sowie HAEUSSLER andererseits, scheinen mir von so geringer Bedeutung, daß ich sie hier nicht diskutieren möchte, ebensowenig möchte ich auf die Gasblasentheorie und die darauf gegründete

Polemik zwischen HEDIGER, KIONKA und v. DALMADY eintreten. Für die Richtigkeit der HEDIGERschen Arbeiten hat sich u. a. auch WINTERNITZ ausgesprochen. Ich selber unternahm meine ersten Arbeiten über die CO_2-Aufnahme durch die Haut, ohne von den Arbeiten HEDIGERS Kenntnis zu haben und konstruierte unabhängig von ihm einen ähnlichen Apparat, was mir selbstredend die Priorität nicht zusichern kann.

Eigene Versuche.

Ich habe die Kohlensäureresorption durch die Haut mit meinem Apparate, der in seiner Form von dem von HEDIGER verwendeten abweicht, und dessen genaue Schilderung früher schon gegeben wurde, zuerst durch GERHARD SCHMID untersuchen lassen.

Die Bestimmung der CO_2-Konzentration geschah durch Titrieren. Die CO_2-Lösung wurde mit einer bestimmten Menge Barytlauge versetzt und mit Salzsäure und Phenolphthalein als Indicator titriert. Um bei den enorm geringen CO_2-Mengen, um die es sich oft handelte, möglichst kleine Titrationsfehler und einen einwandfreien Farbenumschlag zu erhalten, wurde schließlich nach zahlreichen, unbefriedigenden Versuchen eine $^1/_{40}$n-HCl und eine Barytlauge, von der 3 ccm mit etwa 10 ccm $^1/_{40}$n-HCl neutralisiert wurde, gewählt.

10 ccm der mit einer Pipette in der oben beschriebenen Weise entnommenen CO_2-Lösung wurden in einen Erlenmeyer fließen gelassen, in welchem sich schon die bestimmte Menge Barytlauge befand, und titriert. Da während dieser Zeit die Lauge im Erlenmeyer immer etwas CO_2 aufnehmen konnte, mußte mit der größtmöglichen Raschheit vorgegangen werden. Da aber die Methode bei der Anfangstitration und der Endtitration immer dieselbe war, die Fehlerquellen bei beiden Titrationen also genau die gleichen waren, so änderte das an den Verhältniszahlen der beiden Resultate nichts, hatte also höchstens den Effekt, daß beide Konzentrationen, die Anfangs- und Endkonzentration um ein Unmeßbares höher lagen, als die Titration wirklich ergab. Dabei ist noch zu erwähnen, daß durch die zunehmende Übung des Titrierenden gerade diese Fehlerquelle immer mehr reduziert wurde.

1. Versuch: Bestimmung der Anfangskonzentration.

Verwendet wurde eine Barytlauge, von der 3 ccm von 22,7 ccm $^1/_{50}$n-HCl neutralisiert werden.

10 ccm CO_2-Ausgangslösung, versetzt mit 3 ccm Barytlauge, ergibt einen mittleren Titrationswert von 11,7 ccm $^1/_{50}$n-HCl.

Die Rechnung lautet also:

3 ccm $Ba(OH)_2$ entsprechen	22,7 cmm $^1/_{50}$n-HCl
10 ccm CO_2-Lösung zu 3 ccm $Ba(OH)_2$ entsprechen	11,7 cmm $^1/_{50}$n-HCl

Es befindet sich also CO_2 in der Lösung, die einem Wert von 11,0 cmm $^1/_{50}$n-HCl entspricht oder 2,2 ccm $^1/_{10}$n-HCl.

1 ccm $^1/_{10}$n-HCl entspricht 0,0022 g CO_2, es handelt sich demnach um eine 0,22 promill. Lösung.

Die Lösung, die 2,2 ccm $^1/_{10}$n-HCl entspricht, ist somit 2,2 × 0,0022 = 0,484 promill.

Der auf die Haut gebrachte Glasapparat hat einen Rauminhalt von 75 ccm, enthält also 0,484 × 75 = 38 mg CO_2 der 0,484 promill. Anfangslösung.

Bei dem ersten Versuch ließ man den Apparat 35 Minuten auf der Bauchhaut. Bei der Entnahme seiner CO_2-Lösung ergab sich ein Titrationswert von 13,1 ccm $^1/_{50}$n-HCl.

Die Rechnung stellt sich also wie folgt:

3 ccm $Ba(OH)_2$ entsprechen	22,7 cmm $^1/_{50}$n-HCl
10 ccm CO_2-Lösung entsprechen	13,1 cmm $^1/_{50}$n-HCl
Zurücktitriert	9,6 cmm $^1/_{50}$n-HCl

oder 1,92 $^1/_{10}$n-HCl, 1,92 × 0,0022 = 0,422 promill.

Die Lösung ist also nach dem Versuch nur noch 0,422 promill.; d. h. die 75 ccm Lösung im Apparat enthalten nur noch 31,5 mg CO_2.

Es wurden mithin in 35 Minuten 4,5 mg CO_2 resorbiert = 12,5% der gesamten CO_2-Menge.

Hier könnte man nun den Einwand erheben, diese 4 mg seien beim Einfüllen, bei der Entnahme oder während dem Titrieren verlorengegangen. Deshalb sei diesem Versuch 1 ein anderer gegenübergestellt, bei dem der Apparat nicht auf die Haut, sondern auf eine Glasplatte gesetzt wurde, um unser Dichtungsmittel Paraffin-Wachs auf seine Durchlässigkeit zu prüfen. Dieser Versuch dauerte 24 Stunden.

Die Anfangskonzentration ergab 0,523 $^0/_{00}$, die in 75 ccm 39,2 mg CO_2 entsprechen.

Die Endkonzentration nach 24 Stunden ergab 0,51 $^0/_{00}$, gleich 38,3 mg CO_2 in 75 ccm.

Es ergibt sich also ein Verlust von 0,9 mg, der entweder auf Konto des Abdichtungsmittels oder der ganzen Versuchsanlage überhaupt geht, jedenfalls aber noch in die Fehlergrenze reicht, da der Titrationsunterschied nur 0,3 ccm HCl beträgt, die etwa einem halben Tropfen Barytlauge entsprechen.

2. Versuch: Apparat 1 Stunde auf der Bauchhaut. Anfangskonzentration: 0,484 $^0/_{00}$, entspricht einer CO_2-Absolutmenge von 36 mg.

Schlußkonzentration: 0,418 $^0/_{00}$, entspricht einer absoluten CO_2-Menge von 31,3 mg.

Es wurden also 4,7 mg CO_2 resorbiert = 13% der im Gefäß enthaltenen.

3. Versuch: Dauer 1 Stunde. Anfangskonzentration 0,2 $^0/_{00}$. — Schlußkonzentration 0,198 $^0/_{00}$.

Hier wurde praktisch nichts resorbiert, weil der Verlust von 0,02 $^0/_{00}$ in die Fehlergrenze fällt.

Dieser Versuch wurde mit ähnlicher Konzentration im 4. Versuch wiederholt, wobei die CO_2-Lösung auf 30° C vorgewärmt wurde, um die Resorptionsbedingungen günstiger zu gestalten.

4. Versuch: Dauer 1 Stunde. CO_2-Lösung auf 30° vorgewärmt. — Anfangskonzentration 0,28 ‰. — Schlußkonzentration 0,28 ‰.

Auch hier wurde trotz der etwas höheren Konzentration und des Vorwärmens nichts resorbiert.

Damit wäre also eine CO_2-Konzentration erreicht, bei der die Haut nichts mehr resorbiert. Es muß sich demnach um eine Art Spannungsgleichgewicht zwischen der CO_2-Lösung im Glasapparat und der CO_2-Spannung im Hautgewebe handeln.

Die Bestätigung dieses Spannungsgleichgewichtes durch den Versuch 4 legte die Frage nahe, ob man dem Spannungsgefälle nicht eine umgekehrte Richtung geben könnte, wenn die Gleichgewichtskonzentration stark unterschritten würde. Zu diesem Zwecke wurde im nächsten Versuch ausgekochtes Wasser auf die Haut gebracht.

5. Versuch: Dauer 1 Stunde. Anfangskonzentration 0 ‰. — Nach 1 Stunde fand man eine von der Haut in den Glasapparat abgeschiedene Absolutmenge von 0,968 mg CO_2. Berechnet auf die ganze Körperoberfläche nach der Formel von Dubois: Oberfläche $= \sqrt{\text{Gewicht}} \times \sqrt{\text{Länge}} \times 167{,}2$ ergibt sich eine CO_2-Ausscheidung von 0,5 pro Stunde, oder von 12 g in 24 Stunden.

Dieses Resultat bestätigt die Angaben von Willebrand, der den ganzen Menschen bis zum Hals in einen Metallblechkasten setzte, dabei Luft durch den Kasten streichen ließ und bei ihrem Austritt ihren Gehalt an CO_2 mit dem Apparat von Petterson und Sondén bestimmte. Er kam dabei auf Werte von 5—10 g pro 24 Stunden bei einer Hauttemperatur von 20—33° C.

6. Versuch: Dauer 1 Stunde. Anfangskonzentration 0,84 ‰; entspricht einer absoluten CO_2-Menge von 63 mg. Schlußkonzentration 0,44 ‰; entspricht einer absoluten CO_2-Menge von 33 mg.

Es wurden also 30 mg CO_2 resorbiert = 47 %.

Bei diesem Versuch bildeten sich ziemlich viele, etwa 1—1½ mm im Durchmesser betragende Gasblasen an der Innenseite der Gefäßwand. Diese kleinen Kohlensäurebläschen hatten in ihrer Gesamtheit ein Volumen von höchstens 1—1½ ccm, was bei Zimmertemperatur und gewöhnlichem Druck einer CO_2-Menge von etwa 2 mg entsprechen würde. Diese 2 mg hätte man also von den oben gefundenen 30 mg resorbierter CO_2 abzuziehen.

7. Versuch: Dauer 1 Stunde. Anfangskonzentration 0,814 ‰, entsprechend 60 mg CO_2. Schlußkonzentration 0,34 ‰, entsprechend 22 mg CO_2.

Es wurden hier 38 mg CO_2 resorbiert = 63 %.

8. Versuch: Dauer 1 Stunde. Anfangskonzentration 0,7 ‰, entsprechend 50 mg CO_2. Schlußkonzentration 0,25 ‰, entsprechend 18 mg CO_2.

Hier wurden 32 mg = 64 % CO_2 resorbiert.

9. Versuch: Vorgewärmt auf 32°. Anfangskonzentration 1,32 ‰, entsprechend 99 mg CO_2. Schlußkonzentration 0,9 ‰, entsprechend 67,5 mg CO_2.

Es wurden mithin 31,5 mg CO_2 = 30 % resorbiert.

Auch hier wirkte die Bildung von Gasblasen störend, da etwa $^1/_3$ der resorbierenden Hautfläche trotz vorheriger Entfettung und Benetzung von ihnen bedeckt war.

10. Versuch: Apparat nicht vorgewärmt, 1 Stunde auf Bauchhaut. Anfangskonzentration 1,2‰, entsprechend 90 mg CO_2. Schlußkonzentration 0,96‰, entsprechend 72 mg CO_2.

Es wurden somit 18 mg CO_2 = 20% resorbiert.

11. Versuch: Mit kl. Apparat, 30 ccm fassend, 1 Stunde auf Arm. Anfangskonzentration 0,814‰, entsprechend 24,3 mg CO_2. Schlußkonzentration 0,66‰, entsprechend 19,8 mg CO_2.

Es wurden 4,5 mg CO_2 = 18,7% resorbiert.

12. Versuch: Kl. Gefäß, 1 Stunde auf Arm. Anfangskonzentration 1,25‰, entsprechend 37,5 mg CO_2. Schlußkonzentration 0,9‰, entsprechend 27,5 mg CO_2.

Hier wurden 10,0 mg CO_2 = 27% resorbiert.

13. Versuch: Kl. Gefäß, 1 Stunde auf Arm. Anfangskonzentration 0,80‰, entsprechend 24 mg CO_2. Schlußkonzentration 0,68‰, entsprechend 20,4 mg CO_2.

Resorbiert: 3,6 mg CO_2 = 15%.

14. Versuch: Großer Apparat (75 ccm) 1 Stunde auf Bauchhaut. Anfangskonzentration 0,308‰, entsprechend 23,1 mg CO_2. Schlußkonzentration 0,255‰, entsprechend 19,1 mg CO_2.

Resorbiert: 4 mg CO_2 = 16,6%.

Tabelle 3. Zusammenstellung der Versuche.

Anfangskonzentration in ‰	Schlußkonzentration in ‰	Resorbierte CO_2-Menge
0,0	0,0968	+ 1 mg
0,198	0,198	0 mg
0,28 (vorgewärmt) .	0,28	0 mg
0,308	0,255	4 mg = 16,6%
0,48	0,422	4,5 mg = 12,5%
0,48	0,418	4,7 mg = 13 %
0,7	0,25	32,0 mg = 64 %
0,80 (kl. Gefäß) . .	0,68	3,6 mg = 15 %
0,81	0,34	37,5 mg = 61 %
0,81 (kl. Gefäß) . .	0,66	4,5 mg = 18,7%
0,84	0,44	30,0 mg = 47 %
1,2 (kl. Gefäß) . .	0,96	7,2 mg = 20 %
1,25 (kl. Gefäß) . .	0,90	10,0 mg = 27 %
1,32 (vorgewärmt) .	0,90	31,5 mg = 30 %

Anschließend an diese Versuche mit künstlich hergestellten CO_2-Lösungen wurde das *St. Moritzer Quellwasser* (in Form des in Flaschen abgefüllten Tafelwassers der Paracelsusquelle) auf seine Resorptionsfähigkeit geprüft.

Verglichen mit den Resultaten früherer Versuche mit analogen Konzentrationen waren hier die Resorptionswerte etwas niedriger. Wahrscheinlich ist dieses Verhalten auf das Vorhandensein verschiedener Mineralsalze zurückzuführen.

1. Versuch: Großer Apparat, 1 Stunde auf Bauchhaut. Anfangskonzentration 0,91 ‰, entsprechend 68,25 mg CO_2. Schlußkonzentration 0,79 ‰, entsprechend 59,25 mg CO_2.

Resorbiert: 9 mg CO_2 = 13%.

2. Versuch: Kleiner Apparat, 1 Stunde auf Arm. Anfangskonzentration 0,94 ‰, entsprechend 28,2 mg CO_2. Schlußkonzentration 0,77 ‰, entsprechend 23,1 mg CO_2.

Resorbiert: 5,1 mg CO_2 = 17,6%.

Bei allen diesen bis jetzt beschriebenen Versuchen wurden luftdicht abgeschlossene Gefäße benutzt, um festzustellen, ob und in welchem Maße die lebende Haut CO_2 zu resorbieren imstande ist. Um nun die Verhältnisse im CO_2-Bad möglichst nachzuahmen und damit dem einen von DEDE erhobenen Einwand zu begegnen, wurde ein anderes zylinderförmiges Gefäß benutzt, das oben nicht geschlossen war, so daß der darin befindlichen CO_2 außer dem Weg durch die Haut auch noch der in die darüber befindliche freie Luft offen stand.

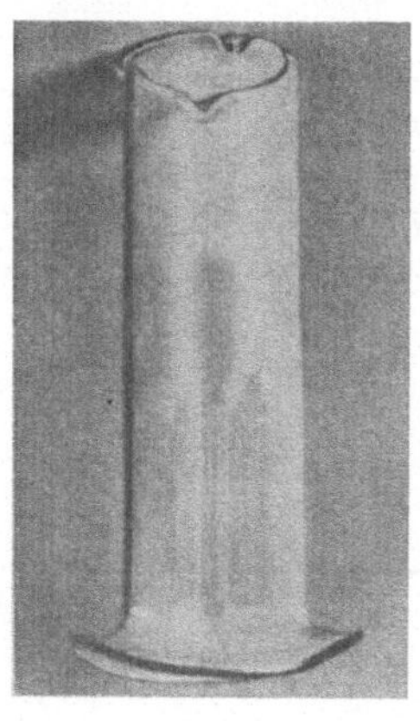

Abb. 5.

Um aber diese Versuchsresultate überhaupt verwerten zu können, mußte man wissen, wieviel von der verschwundenen CO_2 in die Luft diffundiert war. Um vorerst einen Begriff von der Größe und Geschwindigkeit dieser CO_2-Diffusion in die Luft zu erhalten, brachte man ein mit CO_2-Lösung von bestimmter Konzentration gefülltes Becherglas in ein Wasserbad von 32° C. Um jegliche Luftzüge und Strömungen von der Diffusionsoberfläche im Becherglas abzuhalten und dadurch eine regelmäßige Konzentrationsabnahme zu erzielen, wurde ganz lose eine große Glasglocke über dasselbe gestülpt. Alle 15 Minuten wurde die Konzentration bestimmt.

Die Resultate waren die folgenden:

Anfangskonzentration . . .	1,1 ‰	1,15 ‰	0,71 ‰
nach 15 Minuten	0,82 ‰	0,92 ‰	0,58 ‰
„ 30 Minuten	0,77 ‰	0,84 ‰	0,46 ‰
„ 45 Minuten	0,69 ‰	0,64 ‰	0,42 ‰

Es zeigt sich hier in allen drei Versuchen, daß die Abnahme eine regelmäßige ist und mit sinkender Konzentration kleiner wird.

Nun wurde der abgebildete, auf beiden Seiten offene Glaszylinder auf die Haut gebracht, mit CO_2-Lösung gefüllt und eine Glasglocke darübergestülpt. Gleichzeitig wurde ein Kontrollversuch im Wasserbad mit der genau gleichen Konzentration angesetzt. (Dabei wurden Konzentrationen, die den üblichen der CO_2-Bäder entsprechen, gewählt.)

1. Versuch	Glaszylinder auf dem Arm	Becherglas im Wasserbad
Anfangskonzentration	0,968 ‰ $= 58,08$ mg CO_2	0,968 ‰ $= 58,08$ mg CO_2
Schlußkonzentration nach 1 Stunde . .	0,448 ‰ $= 26,88$ mg CO_2	0,550 ‰ $= 33,00$ mg CO_2
Verlust	31,20 mg = 53 %	25,08 mg = 43 %

Da der CO_2-Verlust des Gefäßes auf der Haut um 6,12 mg größer war als unter denselben Bedingungen im Wasserbad, so ist anzunehmen, daß diese 6,12 mg von der Haut resorbiert wurden.

2. Versuch	Glaszylinder auf dem Arm	Becherglas im Wasserbad
Anfangskonzentration	0,969 ‰ $= 58,08$ mg CO_2	0,969 ‰ $= 58,08$ mg CO_2
Schlußkonzentration nach $^1/_2$ Stunde . .	0,506 ‰ $= 30,36$ mg CO_2	0,572 ‰ $= 34,36$ mg CO_2
Verlust	27,72 mg	24,72 mg

Der CO_2-Verlust auf der Haut ist um 4 mg größer.

3. Versuch	Glaszylinder auf der Haut	Becherglas im Wasserbad
Anfangskonzentration	1,03 ‰ $= 61,80$ mg CO_2	1,03 ‰ $= 61,80$ mg CO_2
Schlußkonzentration nach $^1/_2$ Stunde . .	0,638 ‰ $= 38,28$ mg CO_2	0,71 ‰ $= 42,60$ mg CO_2
Verlust	23,52 mg	19,20 mg

Der CO_2-Verlust auf der Haut ist um 4,32 mg größer.

Diese Versuche zeigen, daß die Resorption der CO_2 im offenen Kohlensäurebad lange nicht so groß ist, wie bei der ersten Serie von Versuchen mit dem geschlossenen Glasapparat, daß sie aber doch auch unter diesen Bedingungen nachweisbar stattfindet.

Auf die Körperoberfläche eines 64 kg schweren und 169 cm langen Menschen berechnet, würde der gefundene Wert gemäß der Formel von DUBOIS einer Totalresorption von 2,4 g $CO_2 = 1,22$ l pro $^1/_2$ Stunde Bad bedeuten.

Durch diese Versuche ist einwandfrei erwiesen, daß der Mensch auch in einem kohlensäurehaltigen Bade, aus welchem das Gas in die Luft entweichen kann, Kohlensäure aufnimmt.

GERHARD LEHMANN untersuchte dann auf dem BÜRGIschen Institute die *Penetrationsfähigkeit der Kohlensäure unter dem Einfluß von Salzlösungen*. Die praktische Bedeutung dieser Experimente leuchtet ohne weiteres ein, wenn man bedenkt, daß die meisten in der Balneologie verwendeten Kohlensäurebäder gleichzeitig Salze verschiedener Art und meistens jedenfalls Kochsalz enthalten.

LEHMANN verwendete für seine Experimente wiederum die gleiche Apparatur, die in den Arbeiten des BÜRGIschen Laboratoriums gewöhnlich benutzt wurde und schon geschildert worden ist. Natriumchlorid-, Natriumsulfat- und Ringerlösungen, in die aus einer Stahlflasche CO_2 hineingeleitet wurde, kamen zur Untersuchung. Als Einleitungsgefäß

Tabelle 4. Tabellarische Übersicht über die Versuche der Diffusion der Kohlensäure aus Salzlösungen.

	20% NaCl				3% NaCl				0,9% NaCl				0,1% NaCl				ohne NaCl			
	Anf.-Konz. ‰	Schl.-Konz. ‰	Ges.-Abn. mg	Pro qcm mg	Anf.-Konz. ‰	Schl.-Konz. ‰	Ges.-Abn. mg	Pro qcm mg	Anf.-Konz. ‰	Schl.-Konz. ‰	Ges.-Abn. mg	Pro qcm mg	Anf.-Konz. ‰	Schl.-Konz. ‰	Ges.-Abn. mg	Pro qcm mg	Anf.-Konz. ‰	Schl.-Konz. ‰	Ges.-Abn. mg	Pro qcm mg
Kl. G.	.	.	.	.	.	.	.	.	1,47	1,12	10,5	0,95	.	.	.	.	1,49	1,07	12,6	1,1
Gr. G.	.	.	.	.	.	.	.	.	1,47	1,14	24,7	1,4	.	.	.	.	1,49	1,18	23,2	1,3
Kl. G.	.	.	.	.	1,25	1,08	5,1	0,46	.	.	.	.	1,27	0,92	10,5	0,95	.	.	.	.
Gr. G.	.	.	.	.	—	—	—	—	.	.	.	.	1,27	1,07	15,0	0,86	.	.	.	.
Kl. G.	.	.	.	.	1,08	0,83	7,5	0,70	.	.	.	.	.	.	.	.	.	.	.	.
Gr. G.	.	.	.	.	1,08	0,94	10,5	0,60	.	.	.	.	.	.	.	.	.	.	.	.
Kl. G.	.	.	.	.	.	.	.	.	0,90	0,72	5,4	0,49	.	.	.	.	0,92	0,70	6,6	0,60
Gr. G.	.	.	.	.	.	.	.	.	0,90	0,79	8,2	0,47	.	.	.	.	0,92	0,79	11,2	0,64
Kl. G.	0,70	0,55	4,5	0,41	0,70	0,55	4,5	0,40	.	.	.	.	0,79	0,61	5,4	0,49	.	.	.	.
Gr. G.	—	—	—	—	0,72	0,63	6,7	0,38	.	.	.	.	0,79	0,68	8,2	0,47	.	.	.	.
Kl. G.	0,67	0,55	3,6	0,33	.	.	.	.	.	.	.	.	.	.	.	.	.	.	.	.
Kl. G.	0,53	0,40	3,9	0,35	0,37	0,29	2,4	0,22	0,33	0,24	2,7	0,24	0,37	0,26	3,3	0,3	0,41	0,34	2,1	0,20
Gr. G.	—	—	—	—	0,37	0,30	5,2	0,29	0,33	0,28	3,7	0,21	0,37	0,30	5,2	0,3	0,41	0,37	3,0	0,20
Kl. G.	.	.	.	.	.	.	.	.	.	.	.	.	.	.	.	.	0	.	+0,35	.
Gr. G.	0	.	+0,13	.	.	.	.	.	.	.	.	.	0	.	+0,22	.	0	.	+0,40	.

diente ein Erlenmeyerkolben, der nach dem Durchströmen der Flüssigkeiten mit Kohlendioxyd durch einen doppelt durchbohrten Gummistopfen verschlossen wurde. Durch die eine Bohrung führte ein Glasrohr tief in die Flüssigkeit hinein, das Ende des anderen befand sich oberhalb des Flüssigkeitsspiegels. Es handelte sich mithin um das Gaswaschflaschensystem. Notwendig schien uns, den Erlenmeyerkolben fast vollständig zu füllen und dafür zu sorgen, daß der oberhalb befindliche Raum viel CO_2 enthielt. Die Lösung wurde dadurch mit Bezug auf ihren Kohlensäuregehalt für einige Stunden konstant gehalten.

Die Füllung des auf die Bauchhaut oder den Vorderarm gebrachten Behälters geschah in üblicher Weise, ebenso die Bestimmung des Kohlensäuregehaltes der Lösung vor und nach dem Versuch. Genauere Angaben sind in der Originalarbeit vorhanden. In den meisten Fällen wurde die Resorption aus einem kleinen Rezipienten von 11 qcm Flüssigkeitsoberfläche an der Volarseite des Vorderarmes und die aus einem großen Gefäß von 17,5 ccm auf der Bauchhaut gleichzeitig bestimmt, um die Beziehungen zwischen Gaspenetration und Oberflächengröße zu ermitteln. Die nachfolgende tabellarische Übersicht gibt die ersten gefundenen Werte wieder.

Zu berücksichtigen ist, daß die stärker konzentrierten Kochsalzlösungen ihren Sättigungsgrad infolge der sich bildenden Ionenhydrate schon bei 0,7—0,9‰ erreichen. Als wichtigstes Ergebnis geht aus diesen Versuchen das deutliche Absinken der CO_2-Resorption mit steigenden NaCl-Konzentrationen hervor. Andererseits hört auch die früher beobachtete CO_2-Diffusion aus dem Organismus in die CO_2-freie (oder -arme) Lösung des Rezipienten auf, wenn die NaCl-Konzentration in der letzteren 20% und mehr beträgt. Die Absorptionsgröße kann, wie die Parallelversuche mit dem kleinen und dem großen Gefäß zeigen, zu der die Hautstelle bedeckenden Flüssigkeitsfläche in Beziehung gebracht werden. Der Quotient aus resorbierter Gasmenge und Resorptionsfläche wird mit abnehmender Kohlensäurekonzentration kleiner. Die prozentuale Abnahme dagegen läßt eine solche Gesetzmäßigkeit nicht erkennen.

Weitere Versuche wurden mit CO_2-haltiger und 2proz. NaCl-Lösung vorgenommen, die 3 Stunden lang auf die Haut gebracht wurden.

Tabelle 5.

Anfangskonzentration	Schlußkonzentration	Resorbiert
22. — 1proz. NaCl		
verbr. 6,2 ccm $^n/_{10}$ HCl	verbr. 2,7 ccm $^n/_{10}$ HCl	23,7 mg CO_2 =
1,38‰ = 41,4 mg CO_2	0,59‰ = 17,7 mg CO_2	57,2% = 2,1 mg/qcm
23. — 3proz. NaCl		
verbr. 5,8 ccm $^n/_{10}$ HCl	verbr. 2,6 ccm $^n/_{10}$ HCl	21,0 mg CO_2 =
1,27‰ = 38,1 mg CO_2	0,57‰ = 17,1 mg CO_2	55,1% = 1,9 mg/qcm
24.		
verbr. 5,3 ccm $^n/_{10}$ HCl	verbr. 2,3 ccm $^n/_{10}$ HCl	19,8 mg CO_2 =
1,16‰ = 34,8 mg CO_2	0,50‰ = 15,0 mg CO_2	56,9% = 1,8 mg/qcm

Bei einer so langen Versuchsdauer ist die CO_2-Resorption ganz beträchtlich, sie macht mehr als die Hälfte des Gasvolumens aus. Vergleicht man mit den Resultaten bei 1stündigen Versuchen, dann sieht man, daß pro Stunde ungefähr gleich viel CO_2 resorbiert wurde, also nicht etwa in der ersten Stunde am meisten.

Über die Versuche mit CO_2-haltiger Ringerlösung orientiert die nachfolgende tabellarische Übersicht.

Tabelle 6.

Gefäß groß oder klein	Ringerlösung				CO_2-haltiges destilliertes Wasser			
	Anf. Konz.	Schl.-Konz.	Ges.-Abn.	Pro qcm	Anf.-Konz.	Schl.-Konz.	Ges.-Abn.	Pro qcm
kl.	1,36	1,05	9,3	0,85	1,49	1,07	12,6	1,1
gr.	1,36	1,14	16,5	0,94	1,49	1,18	23,2	1,3
kl.	0,96	0,72	5,7	0,52	0,92	0,70	6,6	0,6
gr.	0,96	0,83	9,7	0,56	0,92	0,77	11,2	0,64
kl.	0,72	0,57	4,5	0,41	·	·	·	·
gr.	0,72	0,63	6,7	0,39	·	·	·	·
kl.	0,30	0,25	1,5	0,14	0,41	0,34	2,1	0,20
gr.	0,30	0,26	3,0	0,17	0,41	0,37	3,0	0,20
kl.	0	·	+ 0,15	·	0	·	+ 0,35	·
gr.	0	·	+ 0,17	·	0	·	+ 0,40	·

Auch bei Verwendung von Ringerlösung konstatierten wir also eine deutliche Abnahme der CO_2-Resorption im Vergleich zu der aus destilliertem Wasser erfolgenden. Wir haben dann noch Experimente mit CO_2-haltiger Na_2SO_4-*Lösung* vorgenommen, die im Original nachzusehen sind und das prinzipiell gleiche Resultat ergaben wie die mit NaCl-Lösungen erhaltenen. Es wurden 0,1, 1 und 10% Natriumsulfatlösungen verwendet. Der zu titrierenden Lösung mußte die dem Natriumsulfatgehalt äquivalente Menge Bariumchlorid zugesetzt werden, weil sonst die vorgelegte Barytlauge durch das Natriumsulfat verbraucht worden wäre. Auch bei Verwendung von Na_2SO_4-Lösungen nimmt die CO_2-Resorption mit steigender Salzkonzentration ab. Es kann also als bewiesen betrachtet werden, daß dás gleichzeitige Vorhandensein von Neutralsalzen in kohlensäurehaltigem Wasser die Resorption des Gases zwar nicht aufhebt aber doch hemmt, und zwar um so mehr, je höher die Salzkonzentration liegt. Die Aufnahme von CO_2 durch die Haut bleibt trotzdem eine beträchtliche. Diese teilweise Verlangsamung und Hemmung der CO_2-Permeabilität durch Neutralsalze dürfte für die balneologische Therapie einen Vorteil darstellen, und man sieht aus unseren Ergebnissen mit aller wünschenswerten Deutlichkeit, daß Kohlensäurebäder wie sie an verschiedenen Badeorten (Nauheim, St. Moritz, Tarasp usw.) gegeben werden, durch die üblichen kohlensäurebildenden Zusätze zu gewöhnlichem Wasser nicht restlos imitiert werden können.

Elias Hafftér fand ferner, daß die menschliche Haut bei leerem Magen etwas mehr Kohlensäure aus wässeriger Lösung resorbiert als bei gefülltem Magen. Er untersuchte dann auch die Frage der Resorption von freier, nicht in Wasser gelöster Kohlensäure an Kaninchen mit dem Bürgischen Apparat und erhielt dabei die folgenden Resultate:

Tabelle 7.

Dauer Minuten		Ablesungs-temperatur	Resorption			
			V_t cm³	V_0 cm³	mgr	mgr pro cm² Haut
60	1	22°	8,8	7,3	14,5	0,36
	2	22°	11,4	9,5	19	0,47
	3	25°	6,8	5,7	11,5	0,29
90	1	26°	12,5	10,4	21	0,52
	2	26°	14,2	11,8	23,5	0,59
	3	24°	13,2	11,0	22	0,55
120	1	23,5°	22,5	18,8	37,5	0,94
	2	26°	16,4	13,7	27,5	0,69

V_t = Volumen bei der Ablesungstemperatur T.
V_0 = Volumen auf 0° und 760 mm Hg reduziert.

Trotzdem die Resultate nicht sehr gut übereinstimmen, da einige Versuchsfehler vorgekommen sind, zeigen sie immerhin, daß beträchtliche Mengen gasförmiger Kohlensäure resorbiert werden.

Sauerstoff.

Eigene Untersuchungen.

Nachdem sowohl die Aufnahme wie die Abgabe von Kohlendioxyd durch die Haut festgestellt war, schien es von großem Interesse, auch ihre Permeabilität für *Sauerstoff* zu untersuchen.

M. Laskowski hat die Permeabilität des Sauerstoffes durch die Froschhaut bewiesen. Bei vollkommener Ausschaltung der Lungenatmung war sie dem Druck proportional und ging von der Luft und vom Wasser aus in gleicher Stärke vor sich. Die an sich wertvolle Arbeit hat für die Verhältnisse der menschlichen Haut keine Bedeutung. McGlone, Bartgis, S. Goldschmidt und J. S. Donal unterbrachen beim Menschen die Zirkulation des Vorderarmes teils partiell, teils vollständig und konnten dann in einer Atmosphäre von reinem Sauerstoff die normale rosarote Farbe der Haut bei genügendem Blutgehalt der Extremität erhalten, während sie sich in einer Atmosphäre von Luft, Stickstoff oder Wasserstoff veränderte. Sie fanden ferner, daß der Sauerstoffgehalt des Hautblutes, wenn die Haut von Sauerstoff umgeben ist, höher ist als in einer Stickstoffhülle.

Ferner konstatierten Goldschmidt, Bartgis und McGlone, daß die bei Kreislaufstörungen im Arm auftretende Cyanose ausbleibt, wenn er sich in einer Sauerstoffatmosphäre befand.

Die extremen Stellen, Finger und Hand blieben dabei blau. Nach Wiederherstellung des Kreislaufes fehlte die sich sonst immer einstellende Hyperämie. Der Sauerstoff soll die Erweiterung der Hautgefäße verhindern. CAVELTI, der diese Versuche in der internen Klinik in Bern wiederholte, konnte sie indessen nicht bestätigen.

Hier sei auch die Arbeit von ELLMAN und TAYLOR erwähnt, die Sauerstoff wie Kohlensäure durch eine Saponinlösung im Bade bei 43 bis 46° in feine Bläschen zerteilten, in dieser Form einwirken ließen und eine Resorption des Sauerstoffes annahmen. Die Versuchsanordnung schloß aber eine Inhalation nicht aus.

Überzeugender wirken die Angaben von ERNSTENE, CARLTON und VOLK, die den Arm einer Versuchsperson in einen gläsernen Plethysmographen brachten, der mit reinem Wasserdampf gesättigte Luft enthielt. Pro Quadratzentimeter und Stunde sollen so 40—146 ccm O aufgenommen worden sein. Die Messung war nicht einwandfrei. Die Angaben von FRANCHINI und PRETI sind nicht beweisend. Nach FLURY geht der Sauerstoff nur durch wasserhaltiges Gewebe und befeuchtete Membranen.

Diese wenigen Arbeiten konnten die Frage, ob der Sauerstoff durch die Haut hindurchgeht, nicht entscheiden, und wir entschlossen uns daher, sie mit unserer Apparatur genauer zu prüfen und zu beantworten.

PH. CAVELTI unternahm diese Aufgabe. Der auf seine Permeabilität zu untersuchende Sauerstoff wurde, in destilliertem Wasser gelöst, vermittels unseres Rezipienten auf die menschliche Haut gebracht. Der Gehalt dieser Lösung an O_2 wurde nach der Methode von L. W. WINKLER bestimmt. Unter peinlicher Fernhaltung von Luft wurde die Flüssigkeit mit einigen Kubikzentimetern 33proz. Natronlauge und 33proz. Kaliumjodidlösung versetzt, hierauf rasch etwas 40proz. Manganchloridlösung zugegeben, luftdicht verschlossen und tüchtig gemischt. Das ausgeschiedene $Mn(OH)_2$ verbindet sich mit dem Sauerstoff zu $Mn(OH)_3$, das beim Ansäuern aus KJ eine entsprechende Menge Jod freimacht, die durch Titration ermittelt und aus der der Sauerstoffgehalt berechnet wird. Einzelheiten sind im Original nachzulesen. Der Rezipient wurde auf die Haut des Vorderarmes gebracht und nach Bestimmung des O_2-Gehaltes der Lösung 1—3 Stunden unter guter Abdichtung liegen gelassen. Hernach bestimmte man die Endkonzentration und berechnete aus der Differenz gegenüber der Anfangskonzentration die resorbierte Menge. Die nicht geringen technischen Schwierigkeiten dieser Arbeit sind im Original eingehend dargestellt.

Die folgende Zusammenstellung gibt ihre Hauptresultate wieder:

Anfangskonzentration	Resorbierte Menge
0,07 Vol.-%	0,005 Vol.-%
0,03 Vol.-%	0,09 Vol.-%
1,46 Vol.-%	0,11 Vol.-%
2,52 Vol.-%	0,56 Vol.-%
2,72 Vol.-%	0,73 Vol.-%
3,64 Vol.-%	1,40 Vol.-%

Im allgemeinen nahm die Aufnahme mit der Dauer der Einwirkung zu, doch bestanden recht große individuelle Unterschiede in der Aufnahmefähigkeit. Eine Resorptionszunahme, die der Konzentration des O_2 im Wasser einigermaßen parallel ging, war noch klarer ausgeprägt und wird durch die nachfolgende Kurve veranschaulicht.

Die resorbierende Fläche des Apparates betrug 9,62 qcm. Berechnet man die Körperoberfläche nach der schon früher erwähnten Formel von DUBOIS Oberfläche $= \sqrt{\text{Gewicht}} \times \sqrt{\text{Länge}} \times 167{,}2$, so könnte man aus unseren Versuchen schließen, daß die Sauerstoffaufnahme bei vollständiger Sauerstoffsättigung des Wassers 10—18% der Lungenatmung ersetzen könnte, falls sich der ganze Körper in ihm befinden würde. Im Verlaufe 1 Stunde wurden in unseren Versuchen bis zu 2787 ccm Sauerstoff resorbiert. *Die Aufnahme von Sauerstoff durch die Haut ist durch unsere Untersuchungen bewiesen.* Eine Abgabe vom Blute in den Rezipienten konnten wir, wenn sich in dem letzteren nur abgekochtes Wasser mit geringem O_2-Gehalt befand, hier und da auch feststellen, was, da Aufnahme und Ausscheidung wohl rein physikalischen Gesetzen entspricht, anzunehmen war, nachdem wir die Fähigkeit des Gases die Haut zu penetrieren nachgewiesen hatten. Immerhin möchten wir nicht behaupten, diese minimalen Ausscheidungen mit voller Sicherheit bewiesen zu haben, während ein Einströmen von außen nach innen bei 0,03 und 0,07 Vol.-% O_2 im destillierten Wasser mit Bestimmtheit zu ermitteln war. Daß der Sauerstoff der Luft unter physiologischen Verhältnissen durch die Haut in das Blut gelangt, glauben wir nach unseren Ergebnissen annehmen zu dürfen, andererseits scheint uns aber eine Abgabe des Gases vom Blute aus durch die Haut hindurch an die Luft der Umwelt sehr unwahrscheinlich, namentlich wegen seiner starken chemisch-physikalischen Affinität zum Hämoglobin. Man darf den Eintritt von O_2 durch die Haut in abgekochtes Wasser mit den hier vorliegenden Verhältnissen nicht vergleichen.

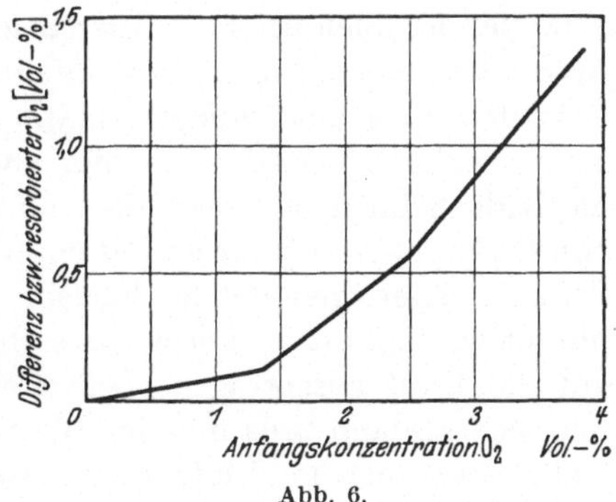

Abb. 6.

Unsere Feststellungen, daß das Kohlendioxyd die Haut nach physikalischen Gesetzen also gemäß dem außen und innen bestehenden Partialdruck nach beiden Richtungen hin penetriert, und daß für den Sauerstoff vielleicht dasselbe gilt, scheinen uns das Recht zu geben, für den Menschen ebenfalls eine wenn auch geringfügige Hautatmung anzunehmen, die freilich unter physiologischen Verhältnissen wenig bedeuten mag. Mit Bezug auf die Therapie ist in erster Linie auf den sehr verbreiteten Gebrauch von Luft- und Sauerstoffbädern hinzuweisen und ausdrücklich zu betonen, daß das Gas aus dem Badewasser sicher durch die Haut in den Organismus gelangt, daß sich also eine Sauerstoffbehandlung auf diesem Wege durchführen läßt. An die Möglichkeit, durch die Applikation eines mit Sauerstoff gesättigtem wassergefüllten Rezipienten die üblen Folgen einer lokal entstandenen venösen Stauung durch Arterialisation des Blutes zu mildern oder gar zu beheben, darf hier auch gedacht werden.

Schwefelwasserstoff.

Von verschiedenen Autoren ist die Resorption von Schwefelwasserstoff durch die Haut behauptet, aber nie mit Sicherheit nachgewiesen worden, zuerst wohl von SCHWENKENBECHER, dann von VOGEL und von STIGLER, der auch über die Ausscheidung durch die Haut berichtet hat. An der letzteren ist nicht zu zweifeln. Ein längerer Aufenthalt in einem Schwefelbade genügt, um jedermann von dieser Tatsache zu überzeugen. Im besonderen verweise ich hier auf HERBRAND, der bei HEINEMANN im Bade Schinznach gearbeitet und den Nachweis der Ausscheidung von H_2S durch die Haut an Patienten, die schon längere Zeit nicht mehr Schwefelbäder genommen hatten, direkt geleistet hat. MONCORPS nimmt an, daß der in Form von salbeninkorporiertem Sulfur. praecipit. auf die Haut aufgetragene Schwefel zunächst zu H_2S reduziert wird und sich alsdann teils mit der Bismut subnitr.-Reaktion an der Hautstelle, teils auch im Blute nachweisen lasse. Er verwendete aber elementaren Schwefel und nicht Schwefelwasserstoff für seine Versuche. Die an sich sehr interessanten Untersuchungen von HERBRAND, auf die schon hingewiesen wurde, konnten die Frage der Permeabilität der Haut für H_2S nicht entscheiden, da seine Versuchspersonen, während sie ihre Schwefelbäder nahmen, das Gas unzweifelhaft auch einatmeten. Zu alledem ist ja auch die ganze Atmosphäre in einem Schwefelbade von Schwefelwasserstoff erfüllt, so daß er während des ganzen Tages durch die Inspiration auf dem Lungenwege ins Blut gelangen muß.

Über die Hautresorption von Schwefelwasserstoff.

Eigene Versuche.

Um die Resorptionsfähigkeit der Haut für Schwefelwasserstoff zu ermitteln, wurde ähnlich vorgegangen wie für die Kohlensäure.

Wir stellten uns eine H_2S-Lösung her, indem wir Schwefelwasserstoffgas durch destilliertes Wasser leiteten.

Die Bestimmung der Konzentration geschah durch Titration. Eine bestimmte Menge Jodlösung wurde der H_2S-Lösung zugesetzt und dann mit Natriumthiosulfat titriert.

Verwendet wurden wiederum die auf S. 6 beschriebenen, glockenförmigen Glasapparate mit den mit Hähnen versehenen Tubuli. Als Dichtungsmittel diente das bei den Kohlensäureversuchen bewährte Wachs-Vaselinegemisch, das auch hier nach einem 24stündigen Probeversuch seine vollständige Undurchlässigkeit bewies. (Bleiacetatreaktion *immer* negativ.)

Beim Einfüllen und bei der Entnahme der Flüssigkeit in bzw. aus dem Glasapparat, wurden die gleichen Vorsichtsmaßregeln getroffen wie bei den CO_2-Versuchen, obschon die Gefahr der Diffusion hier geringer war als bei der CO_2-Lösung.

Wir fingen gleich mit ziemlich starken Konzentrationen an, erhielten aber eine heftige Reizung der Haut und relativ geringe Resorptionswerte. Ganz besonders die Bauchhaut, viel stärker als etwa die Haut des Armes, reagierte auf diese Konzentrationen mit genau dem Gefäßrand angepaßter, circumscripter Hyperämie und Anasarka.

1. Versuch: Kl.-Apparat (30 ccm) 1 Stunde auf Arm.

Wir verwendeten eine Jodlösung, von der 10 ccm von 10 ccm $Na_2S_2O_3$ neutralisiert werden.

10 ccm J-Lösung mit 10 ccm unserer H_2S-Lösung versetzt, gibt einen Titrationswert von 5,2 $Na_2S_2O_3$.

Unsere Rechnung lautet also:

10 ccm J entsprechen	10 ccm $Na_2S_2O_3$
Nach Zusatz von 10 ccm H_2S	5,2 ccm $Na_2S_2O_3$
	4,8 ccm

Es befindet sich also eine Menge H_2S in unserer Lösung, die einem Wert von 4,8 ccm $Na_2S_2O_3$ entspricht.

1 ccm $^1/_{10}$n J-Lösung entspricht 1,704 mg H_2S. Also $4{,}8 \times 1{,}704 = 0{,}818\%$ in 1 ccm $= 0{,}818\text{‰}$ in 10 ccm.

Unsere Anfangslösung enthält demnach 0,818‰ H_2S, das entspricht in 30 ccm fassendem Apparat einer Absolutmenge von 24,54 mg.

Nach 1 Stunde ist die Konzentration auf 0,68‰ gesunken. Dies entspricht noch einer Absolutmenge von 20,40 mg H_2S.

Es wurden somit 4,1 mg H_2S resorbiert = 17%. Dabei deutliche Hautreaktion: Starke Rötung, Juckreiz.

2. Versuch: Großer Apparat, 1 Stunde Bauchhaut.

Anfangskonzentration: 0,66‰ entsprechend 49,5 mg H_2S.

Schlußkonzentration: 0,54‰ entsprechend 40,5 mg H_2S.

Resorbiert wurden: 9 mg H_2S = 19%.

Starke Hautreaktion: Hyperämie, Ödem, Beißen und Jucken.

3. Versuch: Wir gehen wegen der vorgeschriebenen Alterationen der Haut auf eine niedere Konzentration herunter. Hierfür mußten wir auch die Jodlösung und das Na-thiosulfat entsprechend verdünnen.

Anfangskonzentration 0,2‰, entsprechend 15,00 mg H_2S. Schlußkonzentration 0,17‰, entsprechend 12,75 mg H_2S. — Resorbiert wurden 2,25 mg H_2S = 15%.

Auch bei dieser Konzentration tritt noch leichte Rötung ein. Kein Ödem, kein Juckreiz.

Wir verdünnen noch mehr, und gehen deshalb auf die üblichen Konzentrationen der Schwefelbäder (z. B. Lenk) herunter.

4. Versuch: 1 Stunde auf Arm. Anfangskonzentration 0,08‰, entsprechend 2,4 mg H_2S. Schlußkonzentration 0,044‰, entsprechend 1,32 mg H_2S.

Resorbiert wurden 1,08 mg H_2S = 40%.

5. Versuch: 1 Stunde auf Arm. Anfangskonzentration 0,056‰, entsprechend 1,68 mg H_2S. Schlußkonzentration 0,037‰, entsprechend 1,11 mg H_2S.

Resorbiert wurden 0,57 mg H_2S = 34%.

Zusammenstellung.

Anfangskonzentration in ‰	Schlußkonzentration in ‰	Resorbiert
0,818	0,68	4,1 mg = 17%
0,66	0,54	9 mg = 19%
0,2	0,17	2,2 mg = 15%
0,08	0,044	1,08 mg = 40%
0,056	0,037	0,57 mg = 34%

Es zeigt sich, daß bei den bei Bädern üblichen Konzentrationen relativ mehr resorbiert wird als bei höheren Konzentrationen.

Wahrscheinlich wird bei letzteren die Haut so alteriert, daß sie zur Resorptionsarbeit ungeeigneter wird.

Zusammenfassung.

Die percutane Penetrationsfähigkeit von Kohlensäure und Schwefelwasserstoff in wässerigen Lösungen wurde mit Hilfe eines luftdicht auf die Haut befestigten halbkugeligen Gefäßes, in das die Lösungen ohne Verlust hinein- und hinausgebracht werden konnten, gemessen.

Kohlensäure sowie Schwefelwasserstoff werden in beträchtlichen Mengen von der Haut aufgenommen. Kohlensäure geht auch dann durch die Haut, wenn das Gefäß nach oben offen ist, so daß sie gleichzeitig in die Luft entweichen kann. Die percutane Absorption ist dann allerdings viel geringer.

Salzgehalt der wässerigen Kohlensäurelösungen setzt ihre Resorptionsfähigkeit durch die Haut herab. Stärkere Schwefelwasserstoffkonzentrationen erzeugen ein entzündliches Hautödem, das die Resorption des Gases beträchtlich herabsetzt.

Die Kohlensäure geht auch ungelöst in Wasser als freies Gas durch die Haut.

Sauerstoff penetriert ebenfalls und sogar unter recht geringem Gasdruck.

Resorption von Schwefelwasserstoff aus der Schinznacher Quelle.

Nachdem die Permeabilität des Schwefelwasserstoffes durch die Arbeit von G. Schmid auf dem pharmakologischen und med.-chem.

Institute Berns bewiesen war, schien es von besonderem Interesse, festzustellen, wie sich die Resorption dieses Gases von der Haut aus bei Verwendung von natürlichen Schwefelwässern gestaltet. Nun besitzt die Schweiz in Schinznach-Bad die stärkste Schwefelquelle Europas, wenn man den Gehalt eines solchen Wassers an H_2S, der ja auch das wirksame Agens darstellt, als Maßstab annimmt. Das Schinznacher Wasser enthält aber neben Schwefelwasserstoff noch CO_2 und eine Reihe von Salzen, im ganzen 2,966 feste Bestandteile pro Liter, darunter vornehmlich Natriumsulfat (0,102), Calciumsulfat (1,237), Magnesiumsulfat (0,153), Magnesiumbicarbonat (0,344) und Natriumhydrosulfid (0,061), ferner bei 0° und 760 mm 41,69 ccm freie Kohlensäure und 32,06 ccm Schwefelwasserstoff, bei einer Radioaktivität von 4,52 ME. Es geht also nicht an, das Schinznacher Wasser einfach als eine wässerige Lösung von Schwefelwasserstoff anzusehen.

A priori war nach den Ergebnissen von LEHMANN anzunehmen, daß die in dem Wasser gelösten Salze die Penetration des H_2S etwas hemmen würden, wie sie das jedenfalls für die CO_2 tun. Andererseits konnte an einen fördernden Effekt der Kohlensäure gedacht werden. Welches von den beiden Momenten überwiegen würde, war nicht vorauszusehen. Hierüber konnte nur der Versuch entscheiden.

JENZER verwendete hierfür die auf dem Institute in Bern zu solchen Zwecken fast ausschließlich dienenden Rezipienten, und zwar einen von 40 und einen zweiten von 140 ccm Inhalt. HERBRAND hatte schon aus seinen Experimenten in Schinznach-Bad den Schluß gezogen, daß der Schwefelwasserstoff durch die Haut penetriere, da er aber die Resorption aus dem Gehalt von Blut und Urin an Schwefel bestimmte, und seine Versuchspersonen während des Schwefelbades und zudem während des ganzen Aufenthaltes in Schinznach-Bad, wo die Luft von H_2S erfüllt ist, den Schwefelwasserstoff sicherlich auch eingeatmet hatten, waren seine an sich sehr wertvollen Ergebnisse für die Frage, ob das Gas die Haut penetriert, nicht entscheidend. JENZER führte seine Experimente allerdings auch in Schinznach-Bad selber aus, aber er beurteilte die stattgehabte Penetration von H_2S durch die Haut wiederum wie einige der früheren Laboranten des Berner pharmakologischen Institutes einfach und klar aus der Differenz des Schwefelwasserstoffgehaltes des Schinznacher Wassers im Rezipienten vor und nach dem Versuch. Über das Aufkleben dieses Behälters auf die Haut der Versuchsperson, sowie über seine Füllung und Entleerung ist schon oft berichtet worden, so daß weitere Angaben überflüssig scheinen.

Die quantitative Bestimmung geschah wie in früheren Versuchen mit 3 ccm $^{n}/_{100}$-Jodlösung, deren nicht reduzierter Anteil mit Natriumthiosulfat titriert wurde. Auch auf diese allgemein übliche Methode braucht nicht näher eingegangen zu werden. Das verwendete Quellwasser wurde direkt aus dem Trinkbrunnen entnommen. Seine Temperatur beträgt dort 26° C. Die Resultate waren die folgenden (ich gebe nur einige Versuche wieder):

1. Versuch: Pat. H. H., 22jährig. Glasglocke von 140 ccm. Resorptionsort linker Oberschenkel, Dauer 1 Stunde.

Anfangskonzentration 2,17 ccm $^n/_{100}$ Jodl. = 0,037 $^0/_{00}$. . = 5,18 mg H_2S
Schlußkonzentration 1,93 ccm $^n/_{100}$ Jodl. = 0,033 $^0/_{00}$. . = 4,61 mg H_2S
Resorbiert: 0,57 mg = 11% H_2S.

2. Versuch am gleichen Patienten nach 6 Bädern, sonst gleiche Bedingungen, ergab 7,1%

3. Versuch nach 9 Bädern 8,1%

4. Versuch nach 15 Bädern 9,4%

Bei einem zweiten Patienten erhielt Jenzer als er vom Oberschenkel aus resorbieren ließ 12,8%
vom linken Oberarm mit 40 ccm Glocken D. M. 9,9%
und später 5,8%

Im ganzen wurden so 18 Patienten in mehrmals wiederholten Versuchen auf ihre Resorption von der Haut aus untersucht. Die Resultate waren immer positiv. Sie schwankten quantitativ zwischen 4,1—27,1%.

Als Hauptresultat der Versuche wäre also hervorzuheben, daß in allen Fällen ohne Ausnahme Schwefelwasserstoff resorbiert worden war. Die Applikation des 26° warmen Quellwassers war insofern ungünstig, als durch den Kältereiz eine nachweisbare Kontraktion der Capillaren eintrat. Die Versuche wurden zudem im September und Oktober 1940 durchgeführt und die Patienten litten unter der Kälte der Luft. Es mag sehr wohl sein, daß diese Kontraktionen der Haargefäße die Resorption etwas gehindert haben. Jedenfalls wurde bei Erwärmen des Wassers auf 45° eine gesteigerte Aufnahme nachgewiesen (bis 21,1%). Auch eine leichte Beinmassage vermehrte die Resorption (von 8 auf 16,6%). Wenn die Patienten schon mehrmals täglich ein Schwefelbad genommen hatten, ging die prozentuale Resorption etwas zurück. Daß sie im allgemeinen geringer war, als bei den von Lehmann mit Schwefelwasserstoff in destilliertem Wasser erhaltenen, kann, abgesehen von dem schon erwähnten Kältereiz, ohne Zwang auf die von uns auch für andere Gase nachgewiesene hemmende Wirkung der in dem Schinznacher Wasser vorhandenen Salze zurückgeführt werden.

Ammoniak.

Nachdem H. Baum auf meinem Laboratorium umsonst versucht hatte, eine NH_3-Resorption aus Linim. ammon. camph. von der Haut aus zu ermitteln, experimentierte er mit einer *wässerigen Ammoniaklösung*, die in einem 25 ccm fassenden Glasgefäß auf die Haut des Vorderarmes gebracht und abgeschlossen wurde. Der Behälter wurde vollständig mit der Flüssigkeit angefüllt, so daß sich in ihm kein Luftraum befand, in den das NH_3 entweichen konnte. Die Lösung wurde immer nach einer Hauteinwirkung von $1^1/_2$ Stunden mit $^1/_{20}$ bzw. $^1/_{200}$-Normalsäurelösung titriert, die sich aus mehreren Vorversuchen als die geeignetste erwiesen hatte. Als Indicator diente Methylorange. Die ammoniakalische Lösung wurde vor ihrer Einfüllung in das Gefäß 3mal titriert. Die dabei konstatierte Streuung betrug in der Regel nur wenige Kubikmillimeter HCl. Die Arbeit war insofern erschwert, als kleine Verluste von NH_3 bei Füllung und Entleerung des Gefäßes kaum zu vermeiden waren. Der dadurch bedingte, geringfügige Versuchsfehler wurde bestimmt und bei der Abnahme des NH_3-Gehaltes der Flüssigkeit während ihres Verbleibens auf der Haut in Abrechnung gebracht. Diese geringfügigen Verluste nahmen mit den verwendeten NH_3-Konzentrationen prozentual ab. Die Ammoniakkonzentrationen bewegten sich zwischen 0,01 und 0,1%. Eine Resorption von der Haut aus war regelmäßig feststellbar. Wie aus der hier wiedergegebenen

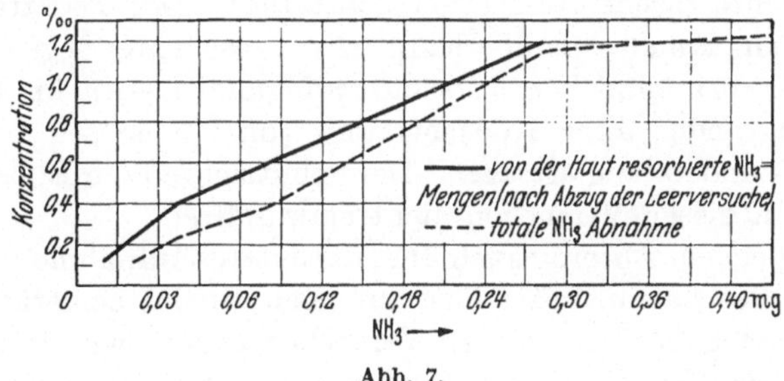

Abb. 7.

Kurve hervorgeht, nahm die resorbierte Ammoniakmenge mit der Konzentration des NH_3 in den im Glasgefäß befindlichen Flüssigkeiten zu. So war die Permeabilität bei Verwendung einer Konzentration, die das 3fache der anfangs untersuchten (0,03 gegen 0,01) betrug, $3^1/_2$mal so groß, bei einer 10mal so starken 17mal so groß wie bei der 0,01 proz.

Aus diesen Versuchen geht die Penetrationsfähigkeit des Ammoniaks durch die Haut klar hervor, und es ist als selbstverständlich anzunehmen, daß sie auch bei Verwendung von Liniment. ammoniat.-camphorat. und ähnlichen Präparaten, ja daß sie bei allen Formen der Ammoniakapplikation auf die Haut anzunehmen ist, selbst wenn die zu geringen Mengen und die physikalisch-chemische Beschaffenheit des Präparates eine sichere Bestimmung der Resorption nicht gestattet. Flury gibt schon an, daß zwar nicht Stickstoff, wohl aber Ammoniak die Haut penetriere. Eine genauere Prüfung des Sachverhaltes mit unserer Apparatur schien aber angezeigt.

Cyanwasserstoffsäure.

Die Permeabilität von 1- bis 10proz. wässeriger *Cyanwasserstoffsäure* habe ich durch KRUMMENACHER untersuchen lassen. Alle drei Lösungen wurden in dem üblichen, wohlverschlossenen Behälter auf die Bauchhaut von Kaninchen gebracht und erzeugten in kürzester Zeit die typischen Symptome der Blausäurevergiftung. Die Tiere gingen unter Krämpfen zugrunde. Die Stärke dieser Krämpfe nahm mit der Konzentration der Lösungen zu, die Dauer des Vergiftungszustandes bis zum Exitus ab. Man darf nach diesen überaus prompten Wirkungen von der Bauchhaut des Kaninchens aus wohl mit Recht annehmen, daß die Blausäure auch die menschliche Haut leicht penetriert und daß äußerste Vorsicht ihr gegenüber nicht nur mit Bezug auf die mögliche Einatmung geboten ist. Gasmasken, die eine Inspiration reiner Luft gestatten, würden nur einen ganz ungenügenden Schutz darstellen.

WALTON und WITHERSPOON hatten schon früher Dämpfe von Blausäure beim Meerschweinchen auf die rasierte Bauchhaut einwirken lassen und ihre rasche Resorption konstatiert. Der Tod trat in etwa 8 Minuten ein. Hunde, die überhaupt etwas resistenter gegen Blausäure sind, gingen bei ähnlichen Versuchsbedingungen etwa im Laufe von 1 Stunde zugrunde. Eine Konzentration von 5,5 mg pro Liter wurde dagegen 3 Stunden lang ertragen. Der Schutz gegen die Einatmung des Gases war in diesen Versuchen nicht einwandfrei.

Da die gleichen Autoren auch über die cutane Aufnahme von *Kohlenoxyd* gearbeitet haben, möge hier nur noch einmal bemerkt sein, daß dieses Gas auch unseren eigenen Versuchen nach sowie nach den Experimenten von SALZMANN die Haut überhaupt nicht penetriert.

Ähnliche Versuche mit einer ebenfalls nicht einwandfreien Methode machten FAIRLEY, LINTON und WILDE, ebenfalls an Meerschweinchen. PH. DRINKER beobachtete bei 3 Arbeitern, die mit einer guten Gasmaske in einer 2proz. Blausäureatmosphäre arbeiteten nach 10 Minuten Schwindel, Schwäche und Pulsbeschleunigung. Zu diesen Symptomen traten dann noch Kopfschmerzen hinzu, die einige Stunden anhielten. Die Vergifteten waren 3 Tage lang arbeitsunfähig. Trotz diesen zum Teil überzeugenden Angaben war die Feststellung KRUMMENACHERS, der mit einer zuverlässigen Methode arbeitete, zweckmäßig, und das Wandern der Blausäure durch die Haut kann nun als bewiesen gelten.

Narkotica.

Die Frage, ob die narkotischen Substanzen, die wir in der Medizin brauchen, die Haut durchdringen, hat, was die Narkose selbst betrifft, keine wesentliche praktische Bedeutung. Man wird wohl kaum in Versuchung geraten, auf diesem Wege jemals einen schlafähnlichen Zustand hervorrufen zu wollen. Aber einerseits interessiert hier den Theoretiker die Eigenschaft lipoidlöslicher Körper, leichter als andere, z. B. nur wasserlösliche, die Haut zu penetrieren und die später genauer zu besprechende Verwandtschaft vieler als Giftgase oder als gewerblich vielfach im Gebrauch stehender Substanzen mit den eigentlichen Narkotica. Außerdem werden die bei gewöhnlicher Temperatur flüssigen und leicht flüchtigen Narkotica, vor allem das Chloroform, recht häufig zu lokalen Einreibungen in die Haut gegen Rheumatismen und subcutane Entzündungen in der Tiefe angewandt, und ferner mußte die Frage, ob gerade dieser Körper als Lösungsmittel für andere Substanzen auch den Eintritt des in ihnen Gelösten ermöglichen oder fördern, einer genaueren Beantwortung entgegengeführt werden.

Nun lagen, als wir diese Reihe von Medikamenten und Giften mit unserer Methode zu untersuchen begannen, schon einige Tatsachen vor, von denen uns die von LAZAREW festgestellten als die bedeutsamsten erschienen.

LAZAREW hat bei Kaninchen auf handtellergroße geschorene Hautflächen mit gelösten Narkotica getränkte Watte aufgelegt und hernach die zum Teil eingetretenen narkotischen Wirkungen kontrolliert. Diese feuchte Watte wurde mit zwei Schichten Billrothbattist und hernach noch mit einem Tuchmäntelchen zugedeckt. Soweit die narkotischen Substanzen in Wasser gelöst aufgelegt wurden, sind die Versuche einwandfrei, dagegen konnte bei Verwendung von Lösungen in Alkohol oder gar Chloroform sehr wohl recht viel von diesen flüchtigen Substanzen eingeatmet werden. Mit *Amylenhydrat* und *Paraldehyd* wurde, offenbar wegen der im Vergleich zur Resorption recht raschen Ausscheidung durch die Lungen wenig erreicht, wohl aber konnten mit *Chloreton, Chloral, Neuronal, Urethan, Isopral* und *Aleudrin* eigentliche Narkosezustände erzielt werden. *Ureide* und *Barbitursäurederivate* blieben unwirksam. Der Autor betont, daß alle percutan stark wirksamen Schlafmittel mit Ausnahme des Urethans sich durch einen starken spezifischen Geruch auszeichnen, was eben für ihre Flüchtigkeit spricht. Urethan ist allerdings auch flüchtig, die nicht wirkenden Ureide und Barbitursäurederivate sind es dagegen nicht. Die Flüchtigkeit der genannten Substanzen dürfte aber meines Erachtens nicht stark genug sein, um etwa eine — ungewollte — Narkose durch Inhalation zu provozieren. Wichtig scheint LAZAREW die geringe Wasser- und gute Lipoidlöslichkeit.

Sulfonal in 30- und 20proz. Chloroformlösung wirkt dagegen nur schwach narkotisch. Die Tiere erholten sich vollständig.

Aus diesen Versuchen geht unzweideutig hervor, daß die eigentlichen Narkotica der Fettreihe in geeigneten Lösungsmitteln auf die Haut gebracht, penetrieren und, soweit sie nicht wie z. B. Alkohol, Äther und Chloroform einen zu niedrigen Siedepunkt haben, das Versuchstier narkotisieren. Urethan und Chloreton erwiesen sich dabei als besonders toxisch. Sulfonal hatte nur eine geringe Wirkung, ebenso Paraldehyd. Die Barbitursäurederivate, die ihrer chemischen Konstitution und ihrer pharmakologischen Wirkung nach von den Narkotica der Fettreihe stark abweichen, scheinen die Haut überhaupt nicht zu penetrieren. Der Grund hierfür ist schwer einzusehen; aber die Tatsache, daß hier keine einzige der vielen untersuchten Substanzen eine Ausnahme bildete, weist mit aller Deutlichkeit auf den Malonyl-Harnstoffring hin. Das relativ nahe verwandte Neuronal, bei dem der Ringschluß fehlt, geht aber durch. Die schlechte Wasserlöslichkeit scheint keine Rolle zu spielen; denn auch das lösliche Evipan-Natrium penetriert die Haut nicht.

Ernst Schindler hat auf meinem Institute festgestellt, daß *Alkohol, Äther, Chloroform* und *Schwefelkohlenstoff* in Form von Dämpfen oder als Flüssigkeit auf die Kaninchenhaut gebracht, keinerlei narkotische Erscheinungen hervorrufen. Ebenso bleiben Chlorbenzol und Bleitetramethyl (hergestellt aus Bleinatrium und Dimethylsulfat und nachher mit Chloroform 1:2 verdünnt) ohne Einfluß. Bei einigen Tieren wurde die Ausatmungsluft durch eine mit reinem Alkohol versehene Waschflasche geleitet und von da durch eine zweite mit Wasser gefüllte. Die Elimination des Chloroforms durch die Exspiration und damit seine Aufnahme von der Haut aus, wurde mit Hilfe eines Kupferdrahtes aus elektrolytischem Cu, der in die Alkoholwaschflasche getaucht und nachher in die Flamme gehalten wurde und dabei deutliche Grünfärbung zeigte, nachgewiesen. Auch die Isonitrilreaktion war positiv; um sie zu erhalten, wurde die weingeistige Lösung der Ausatmungsluft mit Natronlauge und Anilin versetzt. Der Isonitrilgeruch war sehr deutlich. Die Natronlauge-Resorcinprobe, die weniger empfindlich ist, blieb dagegen negativ. Die zeitlichen Resultate waren die folgenden:

1. Versuchsdauer 2 Stunden.	Cu-Reaktion	Isonitrilreaktion
nach 1/2 Stunde	—	—
„ 3/4 Stunden	—	—
„ 1 Stunde	—	—
„ 1 1/4 Stunden	— (+)	—
„ 1 1/2 „	+	+
„ 1 3/4 „	++	++
„ 2 „	++	++

Mehrfach wiederholte Versuche ergaben dasselbe Resultat. Schwefelkohlenstoff ließ sich mit alkalischer Bleilösung in der Atmungsluft nicht nachweisen.

R. Maag hat die Versuche Lazarews mit unserer Methode nachgeprüft. Die Versuchsanordnung des letzteren war allerdings brauchbar, da die meisten von ihm untersuchten Substanzen, wie erwähnt, nicht so flüchtig sind, daß eine wesentliche Menge von ihnen inspiriert werden konnte. Dennoch schien es uns angezeigt, die Experimente mit einer sicheren Methode zu wiederholen, und dies um so mehr, als ja die Substanzen zum Teil in Alkohol oder Chloroform gelöst auf die Haut gebracht wurden. Daß Alkohol oder Chloroform von der Haut aus nicht narkotisieren können, hatte SCHINDLER bewiesen. Sie haben einen zu niederen Siedepunkt und werden daher so rasch ausgeschieden, daß sie auf diesem Wege in den Organismus gebracht, niemals die narkotische Konzentration im Blute erreichen können. Aber sie konnten doch eingeatmet die Wirkung der in ihnen gelösten Substanzen steigern, ja das Chloroform konnte an sich eine Narkose bewirken, wenn seine Inspiration nicht verhindert wurde.

MAAG dichtete den Apparat auf der Bauchhaut des Kaninchens mit Gelatine ab und bestimmte an den aufgebundenen Tieren die eingetretene Narkose durch Prüfung des Cornealreflexes, der Schmerzreflexe und des Muskeltonus.

Die ersten 11 Versuche galten der Wirkung des Äthylurethans, das wir in Dosen von 2,5 g in Chloroform gelöst auflegten. 2,5 g in 10 ccm Chloroform wirkten nicht mehr narkotisch, auch bei Verwendung von 3,0 war die narkotische Wirkung noch gering. 4,0 und 5,0 hatten dagegen eine ausgesprochene Narkose zur Folge.

In Versuch 1 (5,0 Urethan in 10 ccm Chloroform) sank die Atemzahl von 120 pro Minute in 1 Stunde auf 46 pro Minute. Es war tiefe Narkose eingetreten, die 36 Stunden lang ohne Unterbrechung andauerte und in 40 Stunden ad exitum führte. Ähnlich verlief Versuch 5 und 6. Bei den letzteren hatten wir allerdings das Urethan in 20 ccm $CHCl_3$ gelöst, In Versuch 9 (5,0 Urethan + 10 ccm Chloroform) trat tiefe Narkose ein, die etwa 12 Stunden anhielt. Nach 24 Stunden hatte sich das Tier ganz erholt und das gleiche konstatierten wir in Versuch 10 mit denselben Dosen. 4,0 Urethan in 10 ccm Chloroform bewirkten meist ebenfalls Narkose und nachfolgenden Exitus. Chloroform allein (10—20 ccm) verursachte dagegen keinerlei narkotische Erscheinungen. Der Tod der Tiere erfolgte rascher und sicherer, wenn das Urethan nicht in 10 sondern in 20 ccm Chloroform gelöst aufgetragen worden war. Die Ursache des Exitus fanden wir in Entzündungen der Bauchhaut und des Peritoneums. Diese Erscheinungen fanden sich eigentümlicherweise aber auch, wenn das Narkoticum auf die Rückenhaut gebracht worden war.

In drei Versuchen mit *Chloreton* konstatierte MAAG hierauf in Übereinstimmung mit LAZAREW, daß 5,0 Chloreton in 10 ccm Chloroform gelöst Narkose und nachfolgenden Exitus hervorruft. Auch bei Verwendung dieser Substanz fand sich eine von der Haut aus fortgeleitete Entzündung, die die Magenschleimhaut, die Därme und die Blase ergriffen hatte.

Chloralhydrat wurde von MAAG, der auch hier den Angaben von LAZAREW folgte, zuerst in Dosen von 5,0 in Alkohol gelöst auf die Bauchhaut gebracht. Bei Verwendung dieser Menge hatte LAZAREW nach 2 Stunden eine Ataxie und erst bei wiederholtem Auflegen einen eigentlichen Narkosezustand hervorrufen können. MAAG erhielt mit den gleichen Mengen überhaupt keine Narkose (Applikation während 1 Stunde). Auch blieb die Atmung durchaus unbeeinflußt. Wurden dagegen 10 g Chloralhydrat in 20 ccm Alkohol gelöst, appliziert, so trat nach 1—2 Stunden bei stark sinkender Atemzahl das eine Mal eine leichte, das andere Mal eine tiefe Narkose ein, die im letzteren Falle 6 Stunden dauerte. Beide Tiere erholten sich vollständig.

Neuronal, das seiner Konstitution nach schon zu den Barbitursäurederivaten überführt, wirkte wie in den Versuchen von LAZAREW in einer Dosis von 10,0 in 10 ccm Chloroform narkotisch. MAAG verwendete dann auch eine Dosis von 20,0 auf 20 ccm Chloroform und erhielt eine tiefe Narkose mit nachfolgendem Exitus. Hier wie in allen früheren Versuchen mit anderen narkotischen Substanzen wurde auch ein starkes Sinken der Körpertemperatur beobachtet. *Amylenhydrat* narkotisierte in einer Dosis von 10,0 auf 20 Chloroform. Die Narkose wurde während 8 Stunden beobachtet. Tags darauf hatte sich das Tier erholt. 5,0 in 10 ccm Chloroform narkotisierte ebenfalls deutlich, aber weniger lang. Das Tier erholte sich in 12 Stunden vollständig.

Paraldehyd in Dosen von 5,0 auf 10 ccm Chloroform rief dagegen nur ganz leichte narkotische Effekte hervor. Hierin weichen unsere Ergebnisse von denen LAZAREWS, der stärkere Wirkungen gefunden hatte, etwas ab. Andererseits stimmten unsere Resultate mit den seinen wieder ganz überein, als wir die Tiere mit *Veronal* (25 ccm einer 8proz. alkoholischen Lösung) zu narkotisieren suchten und bei einer Applikation von 1 Stunde keinerlei Wirkungen konstatieren konnten.

ANTON WIEDERKEHR setzte die Versuche von MAAG mit verschiedenen Barbitursäurederivaten fort, so mit *Veronal*, *Luminal* und *Evipan*, die in Essigsäureäther, mit *Proponal*, das in Alkohol und mit *Dial* und *Evipan-Natrium*, die in dest. Wasser gelöst worden waren. Alle diese Substanzen wurden in 10proz., das Evipan in $12^{1}/_{2}$proz. Lösungen aufgelegt. Niemals trat auch nur die geringste sichere Narkoseerscheinung auf.

Ergänzend wäre noch eine frühere Arbeit von E. VOROITZOWA beizufügen. Gearbeitet wurde an Kaninchen, auf deren Haut Felder von 10×12 cm durch Wegschneiden der Haare gebildet worden waren. Auf die freigelegten Hautpartien wurden Wattetampons mit Lösungen verschiedener Narkotica gelegt. Besonders intensiv wirkte 50proz. Chloralhydratlösung. Es konnten nach 4—7stündiger Behandlung tiefe Narkosen erzielt werden. Einige der Tiere kamen sogar ad exitum.

Der Schlaf dauerte 18—24 Stunden und auch länger. Mit Chloroform konnte nicht immer Narkoseschlaf, mit Veronal kein Schlaf, nur eine gewisse Unsicherheit der Bewegungen erzielt werden. Mit Luminal und Evipan-Natrium fielen die Versuche negativ aus.

Von Bedeutung für die Penetrationsfähigkeit scheinen uns mit Bezug auf die Narkotica zu sein: eine gewisse Flüchtigkeit bei gewöhnlicher Temperatur und eine ausgesprochene Lipoidlöslichkeit. Die Wasserlöslichkeit scheint wenig Einfluß zu haben. *Permeabilität und narkotische Wirkung fallen aber keineswegs zusammen*, und unsere nachfolgenden Experimente mit verschiedenen, den Narkotica der Fettreihe verwandten, organischen Lösungsmitteln haben den Grund dieser teilweisen Diskrepanz aufgeklärt. *Alle narkotischen Substanzen nämlich, die rasch ausgeatmet werden können, erreichen von der Haut aus eingeführt im Blute niemals die zu einer zentralen Lähmung erforderliche Konzentration.*

Organische Lösungsmittel.

Die bei mir ausgeführte Arbeit von P. SCHWANDER beschäftigte sich ebenfalls mit Substanzen, die narkotische Zustände hervorrufen können, die wir aber mehr wegen ihrer Benutzung in der Industrie, von toxikologischen Gesichtspunkten aus, untersuchen wollten. Man hat in den letzten Jahrzehnten, ausgehend vom Acetylen und Äthylen, eine große Zahl von organischen Lösungsmitteln synthetisiert, die im Gewerbe, namentlich bei der Herstellung von Lacken, Kautschuk, Kunstseide, Kitten und Klebstoffen und für die Reinigung von Metallteilen Verwendung finden. Einige von ihnen sind auch für die Desinfektion sowie für die Abtötung von gewissen Parasiten, z. B. von Würmern von Bedeutung geworden. Der Gebrauch von chlorierten, nichtexplosiven Lösungsmitteln, vor allem von Trichloräthylen, hat in der Maschinen- und Textil- sowie in der Glasindustrie zur Extraktion von Ölen, Fetten, Paraffin und Harzen stark zugenommen. Auch für die Verarbeitung der bei der Olivenölgewinnung entstehenden Rückstände ist das Trichloräthylen von großer Wichtigkeit. Außerdem ist es ein häufig benutztes Fleckenputzmittel.

Tetrachloräthan dient für Seifenmischungen, als Parasitenmittel für Hunde und als Haarwaschmittel für den Menschen.

Tetrachloräthylen sowie Hexachloräthan werden, vor allem in den Tropen, häufig als Wurmmittel (Anchylostoma duodenale und andere Parasiten) verwendet, Hexachloräthan zur Vernichtung von Ungeziefer in Wohnhäusern.

Alle diese Substanzen zeichnen sich durch eine starke Verwandtschaft bzw. „Anziehungskraft" zu den organischen Bestandteilen eines Gemenges aus und werden zu ihrer Loslösung verwendet. Ihre Flüchtigkeit sowie ihre Additionskräfte bilden nun auch die Grundlage für ihre

Giftigkeit, die durch Einatmen, eventuell aber auch, was wir zu untersuchen hatten, durch Hautaufnahme zur Geltung kommen kann. Schwere Leberveränderungen sowie Nierenschädigungen stellen die Hauptsymptome ihrer Toxizität dar, und es war schon geboten, sie einem eingehenden wissenschaftlichen Studium zu unterziehen. MÜLLER hat im gerichtsmedizinischen Institute Zürichs Tetrachloräthan von Mäusen inhalieren lassen und Meerschweinchen sowie Kaninchen die Substanz subcutan und intravenös einverleibt. Außer der narkotischen Wirkung konstatierte er vor allem starke parenchymatöse Verfettungen als Spätfolge der Intoxikation. Ähnliches fand TARUSIO BENZI bei inhalatorischer, subcutaner und stomachaler Verabreichung derselben Substanz. Auffallend war namentlich die Nekrose und Degeneration der Leberzellen. N. CASTELLINO ließ konzentrierte Dämpfe von Trichloräthylen auf Kaninchen einwirken, denen die Tiere in 30—40 Minuten erlagen; bei wiederholter Applikation in geringeren Dosen fand er in 20 bis 60 Tagen Niere und Leber fettig infiltriert.

Daß zu einer percutanen Vergiftung, falls die Haut überhaupt für die Substanzen durchlässig ist, Gelegenheit genug vorhanden ist, geht aus der obenerwähnten Anwendungsweise der Substanzen zur Genüge hervor. *Untersucht wurde die Hautpermeabilität dieser Stoffe bis dahin nicht.* Unsere Versuche wurden ausschließlich am Kaninchen nach unserer Methode vorgenommen. Der Abschluß des Apparates geschah vermittels einer dichten Gelatinelösung. Die Tiere wurden außerdem noch mit einer Inhalationsmaske versehen, die durch Dentokoll abgedichtet wurde und ein Einatmen von frischer Luft gestattete. Wir hatten uns so also doppelt gegen Versuchsfehler gesichert, was uns bei solchen, schon in minimalen Quantitäten giftigen Stoffen zweckmäßig schien. Es ist hier nicht zu vergessen, daß diese sehr flüchtigen und sehr toxischen Stoffe trotz aller Vorsicht die Laboratoriumsräume teilweise erfüllen.

Untersucht wurden die folgenden Substanzen:

1. Äthylidenchlorid,
2. Trichloräthan,
3. Tetrachloräthan,
4. Pentachloräthan,
5. Hexachloräthan gelöst in Trichloräthylen oder Tetrachlorkohlenstoff,
6. Trichloräthylen,
7. Tetrachloräthylen,
8. Äthylbromid,
9. Äthyljodid,
10. Bromoform,
11. Vinyläther
12. Bleitetramethyl.

Alle diese Substanzen mit Ausnahme von Vinyläther und Bleitetramethyl gingen durch die Haut und konnten in der Ausatmungsluft nachgewiesen werden. Der Nachweis geschah in der folgenden Weise: Die Exspirationsluft wird durch absolut reinen Alkohol geleitet. Taucht man in denselben einen ausgeglühten Kupferdraht und hält ihn nachher in die Flamme eines Bunsenbrenners, so wird diese grün verfärbt, falls der halogenhaltige Stoff in den Alkohol gelangt ist. Der größeren Sicherheit wegen muß die Probe mehrmals ausgeführt werden. Äthylidenchlorid war nach 1 Stunde, Trichloräthan nach $^1/_2$, Tetrachloräthan nach 40 Minuten teils auch schon nach 20, Pentachloräthan nach 3 Stunden, Hexachloräthan nach 40, Trichloräthylen nach 30 Minuten, Tetrachloräthylen nach 1 Stunde, Äthylbromid nach 20 Minuten, Äthyljodid erst nach Stunden und schwach, Bromoform nach 30 Minuten, Vinyläther mit dem NESSLERschen Reagens gar nicht und auch Bleitetramethyl nicht nachweisbar.

Tödliche Schädigungen traten ein:

1. bei Trichloräthan, bei dessen Verwendung 12 Stunden nach Beendigung des Versuches Exitus erfolgte;
2. bei Tetrachloräthan. Das erste Kaninchen verendete nach 3 Tagen, das zweite wurde nach dem Versuch getötet, um die pathologisch-anatomischen Veränderungen studieren zu können;
3. bei Hexachloräthan, bei dessen Verwendung das eine Tier starb, das andere wegen andauernder Vergiftungserscheinungen 5 Tage nach dem Versuche getötet werden mußte;
4. bei Trichloräthylen, das 14 Stunden nach Beendigung des Versuches den Tod herbeiführte;
5. bei Äthyljodid, das eine 7tägige Vergiftung hervorrief, der das Tier schließlich erlag.

Das mit Äthylidenchlorid 7 Stunden lang behandelte Tier war während dieser Zeit niemals narkotisiert und schien von der Substanz auch nachher unbeeinflußt zu sein. Auch Trichloräthan wirkte kaum. Dagegen schien Tetrachloräthan von allen verwendeten Substanzen die wirksamste. Mit ihm konnte eine tiefe Narkose erzielt werden, die durch eine ungewöhnlich heftige Excitation eingeleitet wurde. Die Atmung und die Herztätigkeit blieben dabei lange Zeit normal. Die Sektion der Tiere ergab Leberverfettung und Zentralläppchennekrose sowie leichte Vergiftung der Nieren.

Bei Verwendung eines großen Rezipienten konnten die Tiere durch Tetrachloräthan in 10—15 Minuten tief narkotisiert werden.

Das im Handel nicht erhältliche Pentachloräthan wurde in unserem Institute durch Herrn Dr. BECK dargestellt. Seine Wirkung war nur gering, die Wirkung von *Hexachloräthan* war dagegen eine rasch tödliche. Hier muß aber beigefügt werden, daß Hexachloräthan ein fester, wasserunlöslicher Stoff ist, den wir in Trichloräthylen gelöst auftragen mußten. Wir dürfen daher nur sagen, daß die Kombination dieser beiden Stoffe sich als außerordentlich giftig erwiesen hat. *Trichlor-*

äthylen allein bewirkte eine ziemlich starke Lähmung der Extremitäten, aber keine Vollnarkose. Die Sektion des an Hexachloräthan + Trichloräthylen verendeten Tieres ergab: Nieren- und Leberverfettung und Hyperämie der Lungen.

Wir haben dann in einem weiteren Versuche Hexachloräthan in Tetrachlorkohlenstoff gelöst aufgelegt. Es trat ein schwerer Lähmungszustand ein, die Atmung war tagelang mühsam und röchelnd, und das Tier wurde daher nach 5 Tagen getötet. Tetrachloräthylen, Äthylbromid und Äthyljodid riefen während der Versuche keine besonderen Symptome hervor, doch starb das mit Äthyljodid behandelte Tier 7 Tage nach dem Versuch. Zu den für diese Substanzen charakteristischen Verfettungen kam hier noch eine heftige Entzündung der gesamten Bauchmuskulatur hinzu. (Näheres in der Originalabhandlung.) Bromoform hatte nur geringe Wirkungen und Vinyläther keine sichtbaren. Dasselbe gilt für das Bleitetramethyl. Die totale Unwirksamkeit des an sich sehr giftigen Bleitetramethyls von der Haut aus erklärt sich wohl aus seiner paraffinähnlichen Konstitution, die es zu einem praktisch gänzlich wasserunlöslichen Stoffe macht.

Seine Formel lautet:

$$\begin{matrix} CH_3 & & CH_3 \\ & Pb & \\ CH_3 & & CH_3 \end{matrix}$$

Es ist also ein Pentan, in dem das zentrale C-Atom durch Pb ersetzt ist.

Aus diesen Versuchen wurde geschlossen, daß eine narkotische Wirkung bei den unter 80° siedenden Stoffen nicht eintritt. Die Wirkung ist im allgemeinen um so stärker, je höher der Siedepunkt liegt. Der Dampfdruck des Stoffes muß offenbar entsprechend niedrig sein, damit bei cutaner Applikation eine für die Narkose genügend hohe Konzentration im Blute erreicht wird. Am besten narkotisch wirkte von den untersuchten Stoffen das Tetrachloräthan, das auch sonst als das aktivste dieser Lösungsmittel gilt. Zur weiteren Illustration der hier vorliegenden Verhältnisse sei nur daran erinnert, daß unsere gewöhnlichen Inhalationsnarkotica vermittels einer Gesichtsmaske, in die sie beständig hineingetropft werden, in die Lungen und von da ins Blut gelangen, und daß die Narkose nach Entfernung der Maske sogleich nachläßt. Bringt man diese Allgemeinanästhetica auf die Haut, so penetrieren sie zwar ins Blut, werden aber so rasch ausgeatmet, daß sie keine narkotischen Erscheinungen hervorrufen können. Es scheint mir auch nicht wahrscheinlich, daß man bei einer weiteren Vergrößerung der Resorptionsfläche mit solchen leichtflüchtigen Flüssigkeiten eine percutane Narkose erzielen könnte. Wohl aber zeigen unsere Versuche, daß viele der besprochenen gewerblich viel gebrauchten Lösungsmittel auch infolge ihrer Hautpermeabilität als gefährlich anzusehen sind.

In späteren Versuchen hat dann noch A. Wiederkehr die narkotische Wirkung von *Trichlortertiärbutylalkohol* untersucht und sehr erheblich gefunden. Die Substanz wurde in Aceton gelöst aufgetragen. Aceton allein löst von der Haut aus keine Narkose aus; der genannte Alkohol dagegen, der bei 167° siedet, erzeugte je nach der Konzentration und der Dauer der Anwendung mehr oder weniger tiefe und lange Narkosen.

Die meisten Versuche wurden bei einer Applikationsdauer von $1^1/_4$ Stunden vorgenommen. Bei einer Konzentration von 10—25% Trichlortertiärbutylalkohol traten dabei keine Narkoseerscheinungen auf, bei 25% war ab und zu eine leichte Narkose zu bemerken, bei 40—50% eine stärkere, die gut ertragen wurde, und bei 80% eine sehr tiefe, die mit Exitus endete.

Franz Voegeli hat die Arbeiten von Schwander fortgesetzt, und zwar mit halogenisierten Kohlenwasserstoffen: *Äthylenbromid, Acetylentetrachlorid, Acetylentetrabromid, Pentachloräthan, Benzylum bromatum, Benzalchlorid, Allyljodid, Trimethylenbromid, Äthylenchlorhydrin und Äthylenoxyd.* Eine percutane Resorption trat bei all den Substanzen ein. Aus den zahlreichen Experimenten Voegelis seien nur die folgenden Resultate herausgehoben.

Acetylenbromid, das bei 132° siedet, erzeugte wie die meisten dieser Substanzen starke Reizbarkeit, Steigerung der Reflexe, heftige Excitationen, Schreckhaftigkeit und schließlich eine rasch vorübergehende Rauschnarkose. Ließ sie nach, so traten gleich wieder starke zentrale Erregungszustände auf. *Acetylentetrachlorid* (Siedepunkt 144°) erzeugte Ähnliches, doch waren die Narkoseerscheinungen ausgeprägter. *Pentachloräthan* rief nur eine geringe Excitation hervor; *Bromtoluol* eine heftigere, *Benzalchlorid* dasselbe, verbunden mit leichten Narkoseerscheinungen. *Acetylentetrabromid* narkotisierte tief, und das Tier starb am Tage nach dem Versuch. *Allyljodid* tötete das erste Versuchskaninchen im Laufe von 40 Minuten. Die Atmung wurde vor dem Herzen gelähmt. Die inneren Organe waren mit Allyljodid durchtränkt. Die Sektion ergab Hyperämie der Lungen, der Nieren und der Schilddrüse. Das zweite Tier wurde unter Verwendung eines kleineren Rezipienten, also von einer geringeren Oberfläche aus behandelt. Bei diesem Kaninchen traten starke Erregungszustände auf mit nachträglicher leichter Ataxie und Apathie, aber ohne eigentliche Narkoseerscheinungen. Tags darauf war das Tier tot. *Acetylentetrabromid* dagegen rief wiederum nach vorübergehender starker Excitation eine Narkose hervor, ebenso *Trimethylenbromid.* Beide Substanzen wirkten tödlich. *Äthylenchlorhydrin* erzeugte eine tiefe Narkose mit nachfolgendem Exitus. *Äthylenoxyd*, das nach den Versuchen von Süsstrunk auf dem Zanggerschen Institute starke Intoxikationen unter den Erscheinungen einer heftigen

Diarrhöe hervorruft, wirkte percutan wenig. Die meisten von diesen Experimenten wurden mit einem Rezipienten, der eine Fläche von 108 qcm bedeckte, angestellt. Die sicherste Narkose erzeugte *Äthylentetrachlorid. Allyljodid* besaß die größte Toxizität.

Lazarew, Brussilowskaja und Lavrov haben ferner *Benzin, Benzol, Petroleumäther, Petrol, Baku Galosche, Chloroform, Aceton und Äthyläther* auf die Haut von Mäusen und Kaninchen und teilweise von Menschen einwirken lassen und die mit der Luft eingeatmeten Mengen quantitativ bestimmt. Die Einatmungsmöglichkeit wurde verhindert, indem man die Tiere durch eine Tracheotomiekanüle giftfreie Luft inspirieren ließ. Die Substanzen können beim Menschen auch von der Fußhaut aus in den Körper dringen. Von 1 qcm Hautoberfläche wurden in der Minute etwa 0,2 mg Äther, 0,05 mg Benzol und 0,005 Benzin aufgenommen. Benzin und Petroläther konnten nach Eintauchen des Kaninchenohres als Spuren in der Vena jugularis nachgewiesen werden. Am raschesten und besten wurde Aceton resorbiert (?). Chloroform, Äther und Benzol weniger gut, aber doch stärker als Benzin. Aus wässerigen Lösungen ging weniger durch. Die Versuche wurden auch am Menschen durch Eintauchen der Hand in die betreffenden Flüssigkeiten ausgeführt. Als maßgebend für die Permeabilität wurden von den Autoren angesehen der niedrige Dampfdruck, die große Viscosität, die Löslichkeit in Fetten und Lipoiden bei Vorhandensein einer gewissen Wasserlöslichkeit, ferner die hohen Löslichkeitskoeffizienten der Dämpfe in Wasser. Die hohe Toxizität macht den Nachweis der Resorption in den Organismus leichter (s. a. die Arbeit von Lazarew, Brussilowskaja, Lawrov und Lifschitz über Benzin und Benzol).

Die Bedeutung dieser Arbeiten, vor allem derjenigen von Schwander und Wiederkehr für die Gewerbehygiene darf hier schon hervorgehoben werden.

Kampfgifte.

Wie ich schon vor 1 Jahr in einem Vortrag dargetan habe, sind die sog. Kampfgase den Narkotica der Fettreihe sehr nahe verwandt. Bei vielen dieser Stoffe leuchtet diese Annahme ohne weiteres ein, wenn man nur ihre Konstitutionsformel betrachtet, so beim *Phosgen* $COCl_2$, bei dem sog. Perstoff (Grünkreuz) $Cl \cdot COO \cdot C \cdot Cl_3$, beim Gelbkreuz $S(CH_2CH_2Cl)_2$, bei Chloraceton, Bromaceton, Brommethyläthylketon, bei Benzylchlorid und bei den bromierten Xylolen. Eine besondere, aber doch von der der anderen nicht ganz abzusondernde Stellung nehmen die arsenhaltigen Giftgase ein. Ob ein Stoff als Narkoticum oder als Giftgas anzusehen sei, hängt tatsächlich in erster Linie von seinem physikalischen Verhalten (Flüchtigkeit, Siedepunkt, Löslichkeit) ab, in zweiter Linie von seiner Schädlichkeit für verschiedene Organe und auch für die Haut.

Für alle diese Stoffe ist die Durchlässigkeit der Haut zum Teil nachgewiesen, zum Teil höchst wahrscheinlich. HEUBNER, JÜRGEN und OETTEL betonen allerdings, daß eine Substanz um so geringere Reizerscheinungen hervorrufe, je rascher und in je größerer Menge sie ins Blut gelange, und einige der Kampfgifte reizen, ja zerstören die Haut sehr stark. Dennoch ist aber, wie wir schon bei den organischen Lösungsmitteln dargetan haben, beides — die Reizung und die Resorption — miteinander möglich. Näher soll bei dem gegenwärtigen Stand unserer Kenntnisse auf diese Stoffe hier nicht eingegangen werden.

Ätherische Öle.

Die Arbeit, die WALTER STÄHLI über die Penetration *ätherischer Öle* durch die Haut auf dem Berner pharmakologischen Institut ausführte, hatte wiederum neben dem theoretischen ein praktisches Ziel. Die ätherischen oder aromatischen Öle haben als Geschmacks- und Geruchskorrigentien, als Desinfektionsmittel und als Diuretica große Bedeutung, hier aber interessierte vor allem die Frage, ob sie, in die Haut eingerieben in die Lunge hinein ausgeschieden würden. Bei ihrer Einatmung dürften sie ja kaum tief genug in die kleinen Bronchien oder sogar in die Alveolen eindringen. Dagegen wäre es denkbar, daß sie, auf die Brust- oder Rückenhaut eingerieben, direkt in die Lunge hineingelangen und dort ihre Desinfektionskraft ausüben könnten. Damit wäre wohl eine bessere Erklärung für ihre Wirkung bei verschiedenen Lungenleiden gegeben, als wenn man einzig und allein auf die durch ihr Einreiben in die Haut entstehende Hyperämie abstellt, und ihre Verwendung würde mit Recht gefördert werden. STÄHLI untersuchte an ätherischen Ölen: *Ol. Eucalypti, Thymi, Citri, Terebinthinae, Rosmarini, Bergamottae, Pini, Juniperi und Lavandulae.*

Es wurde festzustellen gesucht:

1. Ob das zu untersuchende Öl durch die Haut hindurchgeht und in der Exspirationsluft nachgewiesen werden kann.

2. In welcher Zeit das geschieht, wie lange die Penetration anhält, und ob sie sich allmählich bei längerer Applikation steigert.

Verwendet wurden als Versuchstiere ausgewachsene, männliche Kaninchen. Der BÜRGIsche Apparat wurde vermittels einer Gelatinelösung auf die Bauchhaut geklebt, die nach etwa $^1/_2$ Stunde erstarrte, hierauf wurde noch etwas Wachs zugegossen, um die Dichtigkeit ganz einwandfrei zu gestalten. Das Öl pflegte den mit der Glasglocke abgegrenzten Hautbezirk gerade zu bedecken. Nachträglich wurde der Apparat mit einer elastischen Binde an dem gefesselten Tier fixiert. Um die Ex- und Inspirationsluft zu trennen, wurde dem Kaninchen eine Gummimaske über den Kopf gezogen, in die zwei MÜLLERsche Ventile eingebaut waren. Vor dem eigentlichen Experiment mit dem ätherischen Öle wurde jeweilen ein Leerversuch mit destilliertem Wasser vorgenommen. Als Reagens diente im allgemeinen eine Vanillinsalzsäurelösung, die durch die ätherischen Öle rot gefärbt wird. Für den Nachweis des Oleum thymi in der Atmungsluft wurde außerdem die Diazoreaktion verwendet, die übrigens in kürzerer Zeit ein positives Resultat ergab, als die gleichzeitig verwendete Vanillinsalzsäurereaktion (in 50 Minuten statt in erst 2 Stunden). Man darf aus diesem Ergebnis wohl schließen, daß ein feineres Reagens uns noch deutlichere Resultate ergeben hätte, als das letztgenannte, und daß die Zeit bis zur Ausatmung der auf die Haut gebrachten ätherischen Öle jedenfalls noch kürzer ist, als man aus unseren Versuchen schließen kann.

Die Versuche mit *Oleum thymi* gaben alle positive Resultate. Die beiden genannten Reaktionen waren übrigens nach Wegnahme des Gefäßes und Reinigung der Hautstelle noch 3 Stunden lang schwach positiv.

Oleum citri. Vanillinsalzsäurereaktion nach 1 Stunde schwach positiv, nach einer zweiten stark positiv.

Oleum therebintinae. V.S.-Reaktion nach 30 Minuten noch negativ, nach 60 Minuten positiv, nach 2 Stunden stark positiv. Ein Tier ging an Atmungslähmung zugrunde, ein anderes zeigte starke Entzündungserscheinungen an der Bauchhaut und ging nach 3 Tagen ein.

Oleum rosmarini. Reaktion erst nach 2 Stunden schwach, nach $2^1/_2$ Stunden deutlich positiv. Sie blieb noch 4 Stunden nach Wegnahme des Gefäßes bestehen.

Oleum bergamottae. Reaktion nach 30 Minuten schwach, nach 1 Stunde deutlich positiv. 2 Stunden nach Wegnahme des Apparates schwach positiv.

Oleum pini. Zunächst starke Atmungsstörung, die aber von selber verschwand. Reaktion nach 1 Stunde schwach, nach $1^1/_2$ Stunden stark positiv. Nachdauer der Reaktion 3—4 Stunden.

Oleum juniperi. Reaktion nach 1 Stunde ausgesprochen, nach 2 Stunden stark positiv. Das exspirierte Öl machte sich auch durch seinen Geruch deutlich bemerkbar. Nachreaktion über 4 Stunden.

Oleum lavandulae. Nach 30 Minuten Reaktion schwach, nach 1 Stunde stark positiv. Nachreaktion verschwand in 5 Stunden.

Oleum eucalypti. Konnte erst nach $1^1/_2$ Stunden und dann in 2 Stunden in der Exspirationsluft nachgewiesen werden. Die Reaktion hatte sich deutlich verstärkt. Nach Beseitigung des Apparates und Reinigung der verwendeten Hautstelle blieb die Reaktion noch 3—4 Stunden schwach positiv. Nach 4 Stunden war sie beinahe ausgelöscht. Es war eine starke Hauthyperämie aufgetreten, und das Tier ging 5 Stunden nach der letzten Reaktion, also 9 Stunden nach Beginn des Versuches, zugrunde.

In sehr zahlreichen Fällen, speziell bei Verwendung von Oleum eucalypti, thymi, terebinthinae, pini und juniperi traten erhebliche Hautentzündungen ein. Das läßt aber keinen Schluß auf die menschlichen Verhältnisse, wie wir sie in der ärztlichen und Laienpraxis bei Verwendung dieser Öle zu Einreibungen vor uns haben, zu; denn die leicht flüchtigen und in kleiner Menge in die Haut des Menschen eingeriebenen Öle können bei der kurzen Zeit der Applikation nicht so stark reizen, wie wenn sie stundenlang auf der — dazu noch sehr zarten — Bauchhaut des Kaninchens liegenbleiben. Einige Tiere gingen bei diesen Versuchen ein, zum Teil aber auch wegen der stundenlangen Fesselung, die immer recht ungünstig einwirkt. Jedenfalls geht aber aus all den Versuchen mit Bestimmtheit hervor, daß eine große Zahl von ätherischen Ölen, wahrscheinlich alle, leicht durch die Haut hindurchgehen. Ihre Konzentration in der Ausatmungsluft war allerdings recht gering, der Vanillinsalzsäurereaktion nach zu beurteilen, betrug sie längst nicht $1^0/_{00}$; denn eine 1 promill. Ölemulsion bewirkte durchgehend eine viel intensivere Rotfärbung. Man darf indessen nicht vergessen, daß durch die Atmung kontinuierlich etwa 7 Stunden lang ätherisches Öl ausgeschieden wird, und daß es sich hierbei nur um den einen Eliminationsweg handelt, den wir der Einfachheit und Sicherheit wegen gewählt hatten, um einzig und allein die Grundfrage nach der Penetrationsfähigkeit dieser Stoffe durch die Haut zu beantworten. Die Reaktion trat bei den verschiedenen Ölen verschieden rasch auf, was aber unseres Erachtens zum größten Teil nur auf ihrer verschiedenen Empfindlichkeit gegen Vanillinsalzsäure beruht. Empfindlichere Reaktionen, wie die Diazoreaktion für Oleum thymi ließen den Schluß zu, daß die Penetration und nachfolgende Ausscheidung rascher vor sich geht, als die Vanillinsalzsäureversuche annehmen ließen. Unseren Ergebnissen nach sind wir auch hier geneigt, die therapeutischen Erfolge mit diesen Stoffen, zu denen auch das vielbeliebte Senföl gehört, nicht nur in einer Hautreizung, sondern auch in Tiefenwirkungen auf Muskeln und Nerven usw. und in ihrem Einfluß auf die Schleimhaut der Lungen bei der Exspiration zurückzuführen.

Campher.

Mit der Hautpermeabilität des *Camphers* habe ich mich namentlich abgegeben, weil diese Substanz als *Campherspiritus, Campherwein und Oleum camphoratum* sehr häufig gegen Rheumatismen und andere schmerzhafte Affektionen in Form von Einreibungen verwendet wird, und weil ich glaubte, es könnte sich bei den unzweifelhaften Erfolgen, die man mit diesen Behandlungsmethoden erreicht, eher um eine lokalanästhesierende und desinfizierende als um die gewöhnlich angenommene derivierende, also die Haut reizende Wirkung handeln. Die Versuche wurden von A. WAELTI ausgeführt, unter Verwendung unserer Apparatur, die in diesem Falle wieder das Entweichen des teilweise flüchtigen Körpers und dessen Einatmung verhindern sollte. Die Experimente wurden an Kaninchen vorgenommen, und dabei der Rezipient auf die mit der Tondeuse geschorene Bauchhaut gebracht. Da bei einer Arbeit mit Campher auch die Laboratoriumsluft Dämpfe der Substanz enthalten kann, erhielt das Tier zudem eine Gasmaske, und vom Einatmungsventil aus wurde ein Gummischlauch durch das Fenster in das Freie geführt, so daß nur reine Luft inspiriert werden konnte. Das Ausatmungsrohr wurde in eine mit absolutem Alkohol versehene Gaswaschflasche geleitet, um den ausgeatmeten Campher zu absorbieren. Da der gewöhnliche Feinsprit bei der ROSENTHALER-Reaktion sich leicht rot färbt, mußte absoluter Alkohol, der vorher geprüft wurde, verwendet werden. Als Nachweisreaktion für Campher benutzten wir neben der genannten auch die mit Dinitrophenylhydrazin. Der Nachweis des Camphers wird nach ROSENTHALER geleistet, indem man Spiritus camphoratus mit konz. H_2SO_4 zu gleichen Teilen im Reagensglas zusammenbringt. In der Kälte entsteht dabei Camphersulfonsäure. Durch Erhitzen wird dem Campher ein Molekül Wasser entzogen und es bildet sich *Camphen*. Nun wird wieder abgekühlt; in einem zweiten Reagensglas Vanillin in farbloser konz. HCl aufgelöst und vorsichtig zum Camphen im ersten Reagensglas gegossen. Es entsteht sogleich eine Rotfärbung, und mit Hilfe der Verdünnungsreihe kann bis $^1/_4{}^0/_{00}$. Campher pro Kubikzentimeter nachgewiesen werden. Bei der zweiten Reaktion wurden 1,5-Dinitrophenylhydrazin kalt in 10 ccm Schwefelsäure + 10 ccm dest. Wasser gelöst, alsdann wurde mit dest. Wasser bis zu 100 ccm aufgefüllt. Der Campher fällt als Campher-dinitrophenylhydrazon aus. Zu den Versuchen wurde ausschließlich der rechtsdrehende natürliche Campher verwendet, weil der synthetische meist Verunreinigungen enthält, welche die Farbenreaktion beeinträchtigen.

Als Abdichtungsmittel diente Gelatine. Bei Versuch 1 wurde 50proz. Campherspiritus in den Rezipienten gebracht und der Apparat $3^3/_4$ Stunden lang aufgeklebt. Die in diesem Versuche vorgenommene Abkühlung des Alkohols in der Gaswaschflasche auf -15° erwies sich später als überflüssig.

Der Nachweis von Campher in der Atmungsluft gab ein stark positives Resultat.

Bei einem zweiten Versuch mit 10proz. Spiritus camphoratum, der nur $^1/_2$ Stunde dauerte, war die Reaktion auf Campher in der Exspirationsluft ebenfalls positiv, bei einem dritten mit 1 proz. Spiritus ebenfalls, aber trotz 2stündiger Applikation so schwach, daß wir in ihr die Konzentration erkannten, bei der die Grenze der Resorbierbarkeit erreicht schien. Verschiedene Nachversuche zeigten, daß der Campher 24 Stunden nach Entfernung des Behälters vollständig durch die Lungen ausgeschieden worden war.

Vinum camphoratum, zusammengesetzt nach Ph. H. V. (Camph. 2, Spiritus 3, Gummi arab. 2, Vin. album 93) verhält sich ähnlich. Hier wurde der Behälter mit Bienenwachs-Vaseline abgedichtet. Wir verfügen über 2 Versuche; bei dem einen wurde der Campherwein $1^3/_4$ Stunden, bei dem anderen 2 Stunden lang auf der Bauchhaut gelassen. In beiden Fällen wurde Campher in der Exspirationsluft nachgewiesen. Dasselbe gilt auch für das 10proz. *Oleum camphoratum* der Ph. H. V. 2stündiges Auflegen bewirkte deutliche Campherausscheidung durch die Ausatmungsluft. Man darf wohl annehmen, daß bei kräftigem Einreiben dieser Flüssigkeiten in die Haut die Aufnahme des Camphers eine noch erheblichere ist. Bei unserer Versuchsanordnung mußte man auf eine solche Massage verzichten. Für das wesentliche Resultat ist das übrigens gleichgültig. Der Beweis für die Permeabilität des Camphers durch die Haut wurde ja schon durch bloßes Auflegen der Flüssigkeit erbracht. Da der Campher eine leicht insensibilisierende Eigenschaft hat, bin ich geneigt, seine schmerzlindernde Eigenschaft bei Rheumatismen und anderen Schmerzen in Muskeln und Sehnen usw. vornehmlich ihr und nicht der sog. derivierenden Wirkung zuzuschreiben.

H. Baum untersuchte dann die Penetrationsfähigkeit von Campheröl sowie von Campher und Ammoniak aus dem *Linimentum ammoniato-camphoratum*. Für die Bestimmung des percutan resorbierten Camphers in der Exspirationsluft wurde die schon geschilderte Rosenthalersche Vanillinprobe verwendet. Die Anfangsausscheidungen ließen sich dabei an einer schwachen Rosafärbung erkennen, die allmählich stärker wurde. So konnten wir uns durch Feststellung der ersten auftretenden Spuren von Campher auch über die Raschheit der Resorption plus Ausscheidung in der Lunge einigermaßen orientieren. Wenn man aber die Penetration des Camphers durch die Haut nur aus seinem Auftreten in der Ausatmungsluft ermittelt, darf man nicht vergessen, daß nach den Untersuchungen von Yasuhiko Asahina und Morizo Iskidate der Campher in überwiegender Menge über das flüchtige und daher schwer nachweisbare Oxydationsprodukt Campheröl entgiftet und dann zum Teil als gepaarte Glykuronsäure im Harn ausgeschieden wird. Nur relativ wenig verläßt den Organismus auf dem Lungenwege. Durch unseren Nachweis wurde also nur ein kleiner Teil des penetrierten Camphers erfaßt, aber die Durchgängigkeit der Substanz durch die Haut mit Sicherheit bewiesen. Viele Kontrollversuche klärten uns über die Zuverlässigkeit der Methode auf. Leerversuche lieferten nie ein positives Resultat, und reiner Alkohol allein gab mit Vanillin keine Rotfärbung.

Da aber die Haut durch das Linimentum ammoniato-camphoratum stark gereizt wurde und mit schmerzhaftem Brennen und Hyperämie reagierte, verdünnten wir seinen Anteil an NH_3 um ein Drittel mit Wasser und verwendeten dieses modifizierte Liniment.

Die Versuche wurden mit Liniment. ammoniato-camphoratum und teilweise auch mit Campheröl ausgeführt, das als Kontrolle diente. In den ersten 4, mit dem Liniment vorgenommenen Experimenten, in denen das Medikament $^1/_2$—$1^1/_2$ Stunden unter dem Rezipienten luftdicht abgeschlossen auf der Haut des Vorderarmes lag, zeigte sich eine schwach positive Vanillinreaktion immer erst nach 60 Minuten, nach 30 und 45 Minuten war sie regelmäßig negativ. Nach $1^1/_2$ Stunden war sie nicht stärker geworden. Wenn die Haut vorher mit Dermocethyl. anhydric. eingefettet worden war, resorbierte sie den Campher weder rascher noch in reichlicherem Maße. Entfernte man nach dem Versuch das Liniment gründlich, so war die Reaktion nach 5 Stunden noch positiv, falls man lange genug in die Flasche ausatmen ließ. 24 Stunden nach Entfernung des Linimentes war die Reaktion immer negativ. Bei Verwendung von reinem Campheröl trat die Rötung durch Vanillin schon nach 30 Minuten auf und wurde nach weiteren 30 Minuten stärker. Der nach 5 Stunden vorgenommene Nachversuch ergab dasselbe Resultat wie bei Verwendung des Linimentes.

Wenn man an zwei aufeinanderfolgenden Tagen dieselbe Hautstelle benutzte, war die Resorption sowohl für den Linimentcampher wie für den in reinem Öl enthaltenen regelmäßig herabgesetzt. Eine Erklärung hierfür fehlt.

Jedenfalls geht aber aus den Versuchen hervor, daß der Campher sowohl aus reinem Campheröl wie aus Liniment. ammoniato-camphoratum resorbiert wird, aus dem ersteren aber rascher und besser, d. h. in größerer Menge.

Die Resorption von NH_3 aus dem Liniment zu bestimmen gelang nicht.

Auch hier wäre hervorzuheben, daß der zu Einreibungen verwendete Campher in die Tiefe dringt und hier sowohl desinfizierende als insensibilisierende Wirkung entfalten kann. Durch diese Tatsache wird seine therapeutische Bedeutung viel besser erklärt als durch die bisherige Annahme einer ableitenden Wirkung auf die Haut.

Lokalanästhetica.

Versuche, wie sie E. Rothlin mit Panthenin und Reichelt mit Novocain, Cocain, Alypin, Tutocain, Larocain, Percain und Pantocain ausgeführt haben, sind für die Frage ihrer Durchlässigkeit durch die Cutis nicht maßgebend, weil sie an der Froschhaut, der Cornea, der

Nasenschleimhaut und der Blase ausgeführt worden sind. Immerhin untersuchte ROTHLIN auch die Durchlässigkeit von Panthenin am Kaninchenohr, doch wirkte die Substanz nur ausnahmsweise. B. FREYSTADTL behauptet aber, daß die unversehrte Haut für Anästhetica durchgängig sei. Er konstatierte zuerst eine Abnahme der Kälteempfindung, dann geringgradige und allmählich zunehmende Anästhesie bis zur Aufhebung der Schmerzempfindung und erst zum Schluß Erlöschen der Berührungs- und Wärmewahrnehmung. Cocain, Tutocain und Novocain hatten in wässeriger Lösung keine Wirkung. Alypin setzte nur die Kälteempfindung herab, sein Einfluß ging also nicht über das erste Stadium hinaus. Stärker wirkten Pantocain und Percain, aber erst im Verlaufe von 1—4 Stunden. In Salbenform aufgetragen wirkten sie besser, am besten als Basen in Öl gelöst. Die meisten Untersuchungen bezogen sich auf die Stillung des Juckreizes durch Carbol, das in wässeriger Lösung 10mal stärker wirkte als in glyceridischer, durch Trikresol, Resorcinlösung in Wasser, 10proz. alkoholische β-Naphthollösung, Salicylsäure und Guajacol, die alle stark auf die Kälteempfindung, aber wenig auf Berührungs- und Schmerzwahrnehmung wirkten. Als juckreizstillend erwiesen sich namentlich Epicain, Menthol, Campher und Thymol, die aber mit Ausnahme des Epicains keine eigentlich anästhesierende Wirkung besitzen.

Daß Thymol, Menthol, Phenole und Campher die Haut ganz passieren, wurde von uns mit Sicherheit nachgewiesen. An der Durchgängigkeit der eigentlichen Lokalanästhetica kann meinen Arbeiten nach auch nicht gezweifelt werden. Sie ist aber, wie auch FREYSTADTL fand, langsam und führt nicht zu praktisch brauchbaren Insensibilisierungen, es sei denn, man verwende den elektrischen Strom, und auch so ist die Wirkung mit der bei subcutaner Injektion eintretenden nicht zu vergleichen. Wir haben nun versucht, die Effekte zu erhöhen, indem wir verschiedene Lokalanästhetica als Basen in besonderen organischen Lösungsmitteln auf die Haut brachten. Wenn diese Versuche Erfolg gehabt hätten, wären sie sicherlich als Bereicherung unserer therapeutischen Maßnahmen aufzufassen gewesen.

Unserem Versuche über die Permeabilität der Haut für Lokalanästhetica lag also die Absicht zugrunde, eventuell zu einer einfacheren und dem Patienten angenehmeren Insensibilisierung zu gelangen, als sie durch subcutane und intercutane Injektionen erzielt wird. Sie unterscheiden sich insofern von unseren anderen Permeabilitätsexperimenten, als die Grundfrage schon mehr oder weniger gelöst schien und besondere Lösungsmittel angewendet wurden, um den, wie man schon wußte, sehr geringfügigen Durchgang durch die Haut zu verstärken. A. WAELTI wählte für ihre Untersuchungen nur zwei lokale Anästhetica, das *Cocain* und das *Percain*. Beide wurden zum Teil an Kaninchen, zum größeren,

Teil aber am Menschen, meist in Selbstversuchen, verwendet, das erstere in Form der reinen Base, gelöst in Alkohol, Chloroform, Äther, Aceton, Terpen und Äthylacetat und Propyläther, das zweite als reine wässerige Lösung. Am Tier galt zuerst die Schmerzempfindung als Maßstab der Wirkung, doch konnte mit ihr nur eine sehr kräftige Anästhesierung klar erkannt werden.

Wir arbeiteten daher am Tier und am Menschen unter Zuhilfenahme des faradischen Stromes, dessen Stärke durch die auf einem Schlitten gegen die Primärspule verschiebbare Sekundärspule gemessen werden konnte. Der Strom von 4 Volt wurde einer Akkumulatorenbatterie entnommen. Die sekundäre wurde der primären Spule solange genähert, bis das Tier zu zucken anfing bzw. bis die Versuchsperson den Reiz des faradischen Stromes zu bemerken begann. Diese Bestimmungen machte WAELTI vor und nach der Applikation des Lokalanästheticums, das wie gewöhnlich auf einem wohl abgeschlossenen Behälter auf die Bauchhaut des Tieres bzw. auf den Vorderarm des Menschen aufgeklebt worden war.

An der Kaninchenbauchhaut ließ sich bei den ersten einfachen Versuchen eine Abnahme der Sensibilität durch Auflegen einer 9proz. alkoholischen Cocainlösung während 1 Stunde an Hand der Schmerzäußerung leicht nachweisen.

Bei den Versuchen mit dem faradischen Strom erwies sich zunächst das Chloroform als ungeeignetes Lösungsmittel, da es Hyperämie und Hypersensibilität hervorrief. Bedeckte man dem Kaninchen die Bauchhautpartie mit Äther allein, so trat keine nachweisbare Veränderung der Hautsensibilität auf, wenn man das Verdunsten im Gefäß durch Auflegen kleiner Eisstücke verhindert hatte. Eine 10proz. ätherische Cocainlösung setzte dagegen die Sensibilität deutlich herab. (Spulenweite ging von 16,5 auf 14,5 bzw. von 14,5 auf 12,5 herunter, je nach der gewählten Hautpartie.) Die Lösung hatte 2 Stunden lang eingewirkt. Bei Verwendung einer 20proz. Cocainlösung in Äther war in 2 Stunden in der Linea alba eine vollständige Anästhesie eingetreten, an den seitlich von ihr gelegenen Hautpartien nur eine Abnahme (14,5 auf 12,5 bzw. 10,0.) Diese Vorversuche am Tier erweckten die Hoffnung, auch am Menschen eine Lokalanästhesie durch solche Anästheticalösungen zu erzielen. Aber die 23 am Vorderarm ausgeführten Versuche mit 20proz. alkoholischer, 10- und 16proz. ätherischer, 16proz. Terpen-, Äthylacetat- und Propyläther- und 16-, 20- und 25proz. Acetonlösung von Cocain ergaben hier und da nur eine ganz geringfügige, meist aber gar keine Sensibilitätsherabsetzung. Ebenso blieben die üblichen Percainlösungen, die als solche während 2 Stunden auf die Haut des Vorderarmes gebracht worden waren, ohne jeden nachweisbaren Einfluß. Leichte Herabsetzungen der Sensibilität wurden gefunden in Versuch 6 (16% Cocain in Aceton, Spulenentfernung von 19,5 auf 17) und in den Versuchen 18 (16% Cocain in Äthylacetat) und 19 (16% Cocain in Äther), aber sie waren noch unbedeutender als in Versuch 6. Zu sagen wäre noch, daß der Äther, für sich allein verwendet, die Sensibilität der Haut deutlich steigerte, und daß der Cocainzusatz sie um ungefähr den gleichen Wert herabsetzte, ferner daß die Lösungen von Cocain in Propyläther eine deutliche Steigerung der Empfindlichkeit hervorriefen.

Die an sich recht geringen lokalanästhesierenden Wirkungen dieser Cocainlösungen sowie des Percains bei 2stündiger Applikation auf die Beugeseite des Vorderarmes, die zudem den ganz unwirksamen gegenüber die große Ausnahme bildeten, ließen weitere Untersuchungen nach dieser Richtung hin als aussichtsarm erscheinen. Es war also keineswegs gelungen, unter Zuhilfenahme von Lösungsmitteln, die nach den Angaben früherer Autoren die Penetrationsfähigkeit von in ihnen gelösten Substanzen vermehren sollen *und die selbst penetrieren*, die lokalanästhesierende Wirkung von Cocain von der Haut aus in nennenswerter Stärke zu vermehren, womit das praktische Ziel dieser Untersuchungen als unerreicht und wohl auch als unerreichbar bezeichnet werden mußte. Wir konnten daher nur bestätigen, daß Lokalanästhetica von der Haut aus — es sei denn mit Hilfe elektrischer Ströme — nicht zur Wirkung gebracht werden können. Die in geringstem Umfang vorhandene Penetration ist praktisch ungenügend, ja sozusagen null.

Salicylsäure.

Daß die Salicylsäure und einige ihrer Ester von der Haut aus leicht ins Blut gelangen, ist eine schon seit Jahrzehnten festgestellte Tatsache, die zum Teil auf ihre keratolytische Eigenschaft, zum Teil auch auf ihre Lipoidlöslichkeit zurückgeführt wird. Am schärfsten hat in neuerer Zeit Kionka diese Ansicht vertreten, indem er, zum Teil unter Hinweis auf die Modellversuche von Filehne und Biberfeld, betonte, daß die Epidermis infolge ihres Gehaltes an Cholesterinfetten und der ihr aufliegenden Talgschicht nur von Substanzen durchdrungen werden könne, die sich in den beiden Medien lösen. Aber das gilt schließlich für die Haut gerade so viel und so wenig wie für eine jede Zelle des Organismus mit ihrer zusammenphantasierten Lipoidhülle. Kionka erwähnt dann allerdings, daß Wasser und wasserlösliche Substanzen auch noch durch die Ausführungsgänge der Hautdrüsen und Haarbälge in die Haut eindringen, und daß gewisse Substanzen das Hautgewebe verätzen und sich auf diese Weise einen Eingang verschaffen könnten. Er hat auf die unverletzte geschorene Kaninchenhaut Salicylsäure, Natr. salicyl., Acetylsalicylsäure, Salicylsäure-Methylester, S. bornylester (Salit), Diplosal und Salicylsäureamid gebracht und außerdem den Einfluß von

Salbengrundlagen wie Vaselinum album und Olivenöl ana, Lanolin und Liniment. ammoniatum geprüft. Er fand, daß Salicylsäureester langsamer resorbiert werden als freie Salicylsäure. Das Amid wurde besonders schlecht aufgenommen. Hautreizende Substanzen, wie z. B. Caprifor vermehrten die Permeabilität durch Erweiterung der Hautgefäße. Ähnliche Versuche unternahm MIYASAKI. Er brachte Salicylsäure sowie einige ihrer Derivate, wie Salol, Aspirin, Natriumsalicylat und Diuretin, teils in Alkohol gelöst, teils als Lanolinsalbe 6 Stunden lang auf die Kaninchenhaut und bestimmte dann die im Urin ausgeschiedene Salicylsäure quantitativ. Wenn die Resorption von Salicylsäure aus Lanolin mit 100 bezeichnet wird, so beträgt sie für Salol 58, für Aspirin 36, für Diuretin 25, für Natriumsalicylat 6. Für die alkoholischen Lösungen fand er folgende Verhältniszahlen. Salicylsäure 100, Natriumsalicylat 75, Aspirin 37, Salol 12 und Diuretin 10. Je besser die Löslichkeit eines Salicylpräparates in Lanolin bzw. Alkohol ist, desto mehr wird von ihm durch die Kaninchenhaut resorbiert werden. Die reine Salicylsäure erwies sich als das permeabelste Präparat. In der Haut der Applikationsstelle konnte sie als solche kaum mehr nachgewiesen werden, wohl aber Natriumsalicylat und bei seiner cutanen Applikation das Salol.

LESLIE-ROBERTS schließt aus seinen Versuchen an der menschlichen Haut, daß die Salicylsäure in Vaselin verrieben besser durch die Haut gehe als gelöst in Wasser oder Alkohol. Im übrigen ergeht er sich in den üblichen theoretischen Betrachtungen. Das Keratin der Haut sei für Salicylsäure undurchlässig, adsorbiere sie aber und hernach bildeten sich Cholesterinester, die die Haut durchdringen. Die starken individuellen Resorptionsunterschiede könnten dagegen nicht erklärt werden. E. BROWN und W. O. SCOTT konstatierten die Resorption des Methylsalicylates von der Oberfläche beider Hände aus, ob es nun in Wasser suspendiert, in Alkohol gelöst oder in Ölen und Salben verrieben war. Am besten erwies sich die Wassersuspension mit 11,8 Vol.-%; am zweitbesten die Lösung in Äthylalkohol, am schlechtesten der reine Ester. Die Resorption aus Olivenöl oder tierischen Fetten war die gleiche. Flüssiges Petrol und Lanolinum anhydricum ergaben 26—66% bessere Werte. Speck war zweckmäßiger als Lanolin. Auch diese Autoren betonen die fördernde Wirkung von Wärmeapplikationen durch alternatives Eintauchen der Hände in heißes Wasser und Massage. Die Resorption soll dadurch um mehr als 100% gesteigert werden.

K. W. MERZ applizierte die Alkalisalicylate mit einer besonderen Salbengrundlage (Rheuma-Sensit-Sapokalinussalicylatus und Salben, die aus Kalium-, Natrium- und Lithiumsalicylat mit Lanolin und Sensit hergestellt wurden). Er behauptet, daß die keratolytischen und quellungsbefördernden Eigenschaften der Seife die Salicylsäureresorption fördern, und daß er eine prozentuale Ausscheidung der Salicylsäure bei Verwendung dieser Salben-Seifengrundlagen erhalten habe, die selbst bei peroraler Einnahme nicht erreicht werde. C. H. ROJAHN und E. WIRTH machten ähnliche Versuche über die Salicylsäure sowie ihre Salze und Ester, und zwar an der Kaninchenhaut. Auch sie kommen zu dem Ergebnis, daß diejenigen Salicylpräparate gegen Rheuma die besten sind, die Hautreizstoffe enthalten. Dementsprechend verwendeten sie neben Salben auch seifenartige und flüssige Zubereitungen.

In teilweisem Gegensatz zu anderen Autoren bemerkt G. SCHUHMACHER, daß die intakte Haut des Pferdes, Rindes, Hundes und Kaninchens zwar für Salicylsäure in Salbenform oder alkoholischer Lösung permeabel sei, daß aber Natrium salicylicum weder aus Salben noch aus spirituösen Lösungen aufgenommen wurde. Die Salicylsäure selbst erscheint so appliziert schon nach 2 Stunden im Urin, und die Elimination hält etwa 2 Tage an. Am raschesten geschieht ihre Aufnahme aus alkoholischen Lösungen.

Die geringsten Mengen Salicylsäure bei deren Verwendung sie sich im Urin nachweisen läßt, betragen für Salben beim Kaninchen 0,2. beim Hunde 0,3, beim Rinde 0,3 und beim Pferde 0,5 g, in Spiritus gelöst beim Hunde 1.15, beim Rinde 0,15 und beim Pferde 0,5 g.

C. MONCORPS untersuchte 8 verschiedene Salicylsäurepräparate und erhielt, was die Permeabilität durch die Haut betrifft, die besten Resultate mit Salhumin. Unter den Estern wurde Salit-neu am raschesten aufgenommen. Nicht nur chemisch-physikalische Eigenschaften der Substanzen wie Wasser- und Lipoidlöslichkeit, Leichtigkeit der Spaltung usw. sind für die Resorptionsfähigkeit von Bedeutung, sondern auch die Zubereitungsweise und das Vehikel. Salicylsäureester wurden größtenteils ungespalten ausgeschieden, was ich mit Bezug auf die Acetylsalicylsäure, auch wenn sie per os genommen wird, gestützt auf eigene Versuche bestätigen kann.

Die auf meinem Institute ausgeführte Arbeit von H. WÜST hatte vor allem die Lösung der Frage, ob die üblichen Zusätze von Terpentinöl oder Chloroform zu Salicylsalben zweckmäßig seien, als Aufgabe. Als Salbengrundlage wurde Adeps lanae gewählt. Die Versuche wurden zunächst am Menschen vorgenommen, und in erster Linie festgestellt, daß in dem 24-Stundenharn bei Verwendung von Salicylsalben regelmäßig die bekannte Salicylsäurereaktion mit Eisenchlorid positiv war, während sie bei den nicht mit Salicyl behandelten Versuchspersonen fehlte. Die Empfindlichkeit dieser Reaktion beträgt 3 mg%, und nach den Angaben von MONCORPS befinden sich die Ausscheidungen der Salicylsäure bei einmaliger cutaner Applikation von Salicylsäure-Schweinefettsalben innerhalb dieser Grenze. Da wir im allgemeinen nur 5,0 einer 10proz.

Salicylsäuresalbe auf die Haut des Unterarmes legten und nach den Angaben von MONCORPS von 0,5 g Salicylsäure aus unserer Salbe nur etwa 0,26%, also 1,3 mg resorbiert werden, war ein Nachweis im Urin selbst in einer 24stündigen Menge eigentlich nicht zu erwarten. Wir erhielten aber doch eine, wenn auch recht schwache Reaktion und hätten nun am Menschen mit einer Salicylsäure-Eucerinsalbe fortfahren können, bei deren Verwendung nach MONCORPS die 40fache Menge Salicylsäure aufgenommen wird. Wir zogen es aber vor, die Versuche am Menschen fallen zu lassen und arbeiteten nur noch am Kaninchen. Dieses Versuchstier bot uns den Vorteil eines Urines, der wegen seiner kleinen Menge an Salicylsäure konzentrierter war, und außerdem ließ sich der Harn durch Katheterisieren in jedem gewünschten Intervall entnehmen. Die auf die Bauchhaut aufgetragene — und nicht etwa eingeriebene — Salbe blieb 2 Stunden lang unter einem Guttapercha-Watteverband liegen. Es kamen drei Salben zur Verwendung:

Rezept 1. Acid. salicyl.
Adeps lanae ana . . 10,0
Adeps suilli ad . . . 100,0

Rezept 2. Acid. salicyl.
Ol. terebinthinae
Adeps lanae ana . . 10,0
Adeps suilli ad . . . 100,0

Rezept 3. Acid. salicyl.
Chloroform
Adeps lanae ana . . 10,0
Adeps suilli ad . . . 100,0

In allen mit den drei Salben vorgenommenen Versuchen konnte die Salicylsäure 2 Stunden nach Auflegen der Salbe im Urin durch die Eisenchloridreaktion nachgewiesen werden. Bei Verwendung der Salbe 3 war der Nachweis in 3 von 4 Versuchen nach $1^1/_2$ Stunden positiv. Die stärkste Reaktion trat immer nach 3 Stunden ein, dann nahm sie allmählich ab und wurde nach 7 Stunden negativ. Auch hierin verhielten sich die drei Salben gleich. Wurde der in 24 Stunden gelassene Urin untersucht, so konstatierte man regelmäßig, daß die Ausscheidung am ersten Tage weitaus am stärksten war. Im zweiten Tagesurin war die Eisenchloridreaktion noch deutlich, im dritten dagegen war sie nur in 2 von 12 Versuchen schwach positiv. Alle drei Salben ließen auf der Haut Salicylsäure auskrystallisieren, am stärksten die Terpentin, am schwächsten die Chloroform enthaltende Salbe. Eine Verbesserung der Penetration durch die Haut hatte sich nur durch den Chloroformzusatz erzielen lassen, und beträchtlich war auch sie nicht. Terpentinöl war ohne jeden Einfluß geblieben, vielleicht nur, weil es das Auskrystallisieren der Salicylsäure auf der Haut sehr stark förderte.

Resorption von elementarem Schwefel.

Wie wir später sehen werden, ist die Aufnahme von elementarem Schwefel von der Haut aus nun als gesichert zu betrachten. Die früheren Arbeiten über diesen Gegenstand, die zum größten Teil auch zu positiven Resultaten gelangt waren, leiden ausnahmslos an der Nichtberücksichtigung der Aufnahme von Schwefelwasserstoff durch die Atmung. Schwefel wird aber, auch wenn er als solcher auf die Haut aufgetragen wird, relativ leicht, ja man darf schon sagen, immer, zum Teil zu H_2S umgewandelt und kann dann inspiriert werden. Wenn z. B. STIGLER bei Einreibung einer Glycerin-Schwefelmilchsalbe in die Kopfhaut oder in andere Stellen der Haut aus der Ausscheidung von H_2S auf eine percutane Aufnahme von Schwefel schloß, so war diese Annahme nicht genügend begründet, weil eine Einatmung des schon an der Körperoberfläche entstandenen Schwefelwasserstoffes nicht verhindert worden war. Dieser Einwand gilt auch für die Angaben von GIANOTTO und LURIE, die Schwefelsalben in die Haut einreiben ließen, und schließlich für die Arbeiten von MONCORPS und BOHNSTEAT, die nach 12stündiger Applikation von 10 g salbeninkorporierten Schwefels eine Steigerung des Krystalloidschwefelgehaltes im Serum um 87% nachwiesen. Damit soll nun freilich nicht gesagt sein, daß der Hauptteil des cutan applizierten Elementes nicht doch durch die Haut hindurchgegangen sei, sondern nur, daß solche Versuche keinen einwandfreien Beweis für die cutane Permeierung des Schwefels darstellen. SHUICHI NITTO beobachtete bei einem mit Purethan, einer organischen Schwefelverbindung, behandelten, mit Krätze behafteten Kinde relativ schwere Vergiftungserscheinungen in Form von Fiebersteigerung, Erbrechen, Diarrhöe und Ödem der Augenlider. BASCH behauptet andererseits geradezu, daß die intakte Haut größere Mengen Schwefel nicht durchlasse, wohl aber die krankhafte, veränderte oder mechanisch geschädigte. Im Blut, sowie im Harn und in der Ausatmungsluft sei dann H_2S nachweisbar und die eintretende Vergiftung entspreche der durch dieses Gas hervorgerufenen. Die Versuche wurden an Meerschweinchen und Kaninchen ausgeführt. MALIVA legte bei Mäusen subcutane Bismutdepots an und fand sie nach Schwefelbädern deutlich geschwärzt. Aber auch bei dieser Arbeit ist die Aufnahme durch die Atmung nicht ausgeschlossen worden. FOELDES und nachher PINCUSSEN untersuchten, ob nach Einreibungen von 10% Schwefelsalbe der Blutzucker herabgesetzt wird, wie das der resorbierte Schwefel nach den Feststellungen von BÜRGI und GORDONOFF bewirkt. Die beiden Autoren kamen aber bei diesen höchst indirekten, ohnehin anfechtbaren Experimenten zu widersprechenden Ergebnissen (s. auch die gegenteiligen Angaben von PINCUSSEN und GONITZKAJA). Ergänzend mögen hier noch die Untersuchungen von BECK und FENY-

VESSY erwähnt werden, die darlegen, daß nach Auflegen von Ichthyol auf die Haut der Schwefelgehalt des Urins zunimmt.

Die Haut des Menschen hat einen ziemlich konstanten Eigenschwefelgehalt, wie das LABORDE nachgewiesen hat. GRÜNEBERG fand ihn bei Psoriasiskranken und LOEPER bei Hunden, denen die Nebennieren exstirpiert worden waren, vermehrt.

Die direkte Wirkung des Schwefels auf die Haut wurde zuerst von UNNA genauer untersucht. Geringe Dosen sollen keratoplastische, eintrocknende und sekretionsbeschränkende Einflüsse ausüben, größere lösen Hornhaut und Haare und wirken entzündungserregend. Schon in diesen Arbeiten wird auf die mutmaßliche Bildung von H_2S aus elementarem Schwefel hingewiesen; und WERDER betont, daß Schwefelwasserstoff immer entsteht, wenn der Schwefel mit organischer Substanz in Berührung kommt. Auf diese bei SPIRO ausgeführte Arbeit sowie auf die Untersuchungen HEFFTERS, die den Schwefel als H-Acceptor erscheinen lassen, sei nur kurz hingewiesen, ebenso auf die SABBATINIS, der H_2S bei Bestreuung der Conjunctiva mit Schwefel sich bilden sah.

BÜRGI hatte schon aus der schwach keratolytischen Wirkung des Schwefels den Schluß gezogen, er möchte infolge dieser Eigenschaft von der Haut aus in das Innere des Organismus dringen. Da er durch seinen Mitarbeiter SCHMID die Permeabilität der Haut für Schwefelwasserstoff schon nachgewiesen hatte und eine teilweise Umwandlung des elementaren Schwefels auf der Haut in H_2S anzunehmen war, schien ihm diese Annahme um so gerechtfertigter. Allerdings konnte es sich eventuell um minimale Mengen handeln. Auf seine Veranlassung untersuchte dann WILLY RIEBEN die noch ganz ungelöste Frage, ob der elementare Schwefel tatsächlich doch die intakte Haut permeiere. Er verwendete hierzu jugendliche Kaninchen männlichen Geschlechts im Gewicht von 2430—3090 g. Weibliche Tiere schienen wegen der Zitzen auf der Bauchhaut für diese Versuche ungeeignet. Die Nahrung wurde genau kontrolliert. An diesen Tieren wurde zunächst die normale Ausscheidung des Schwefels durch den Urin untersucht, der durch Katheterisieren gwonnen worden war. Die Ausscheidungen wurden pro Kilogramm Körpergewicht berechnet. Für die Bestimmung des Gesamtschwefels wurde die Methode von LANG gewählt, da die früher viel geübte *Benzidin-Methode* wegen der Löslichkeit des Benzidinsulfates in Verruf gekommen war. Die Methode von LANG besteht darin, daß die zu Sulfaten oxydierten Schwefelverbindungen mit Bariumchromat in salzsaurer Lösung gefällt werden. Durch Alkalisieren wird hernach das überschüssige Bariumchromat ebenfalls ausgeschieden und abfiltriert. Die dem gefällten Sulfat äquivalente Menge Chromsäure bleibt in Lösung und kann nach der colorimetrischen Methode von LANG oder nach der titrimetrischen von Hansen-Schmidt ermittelt werden. Wir wählten die letztere, bei der die freigewordene Chromsäure jodometrisch bestimmt wird. Die Methode ist nicht einfach, und es wurden viele Vorversuche gemacht, bevor wir mit den eigentlichen Untersuchungen anfingen.

Die Werte für die normale Ausscheidung von Schwefelsäure im Urin liegen zwischen 62 und 98 mg%. Eine Ausnahme machte nur Versuch 9. Das Nähere geht aus der nachfolgenden Zusammenstellung hervor.

Tabelle 8.

a) Gewichte der Versuchstiere 1—9.
b) Durchschnittliche Menge katheterisierten Urins in 24 Stunden.
c) Durchschnittliche Menge katheterisierten Urins in 24 Stunden pro Kilogramm Körpergewicht.

Gewicht der Versuchstiere	Durchschnittliche Urinmenge in 24 Std.	Pro Kilogramm Körpergewicht
Versuchstier 1 = 3090 g	95 ccm	31 ccm
„ 2 = 3050 g	82 „	27 „
„ 3 = 2830 g	78 „	28 „
„ 4 = 2700 g	72 „	27 „
„ 5 = 2700 g	65 „	24 „
„ 6 = 2490 g	70 „	28 „
„ 7 = 2540 g	75 „	29 „
„ 8 = 2430 g	60 „	25 „
„ 9 = 2500 g	104 „	41 „

Tabelle 9.

a) Normale H_2SO_4-Ausscheidung in mg% der Versuchstiere 1—9.
b) Normale S-Ausscheidung der Versuchstiere 1—9 in mg%.

Versuchstier	H_2SO_4 in mg%	S in mg%
1	81,7	26,6
2	98,0	32,0
3	75,0	24,5
4	62	20,2
5	78,5	25,6
6	82	26,8
7	74	24,5
8	78,5	25,6
9	163,0	53,3

Für die Penetrationsversuche von in Öl gelöstem Schwefel wurden die Tiere, denen tags zuvor unter allen Kautelen die Bauchhaut enthaart worden war, auf ein Operationsbrett aufgebunden und katheterisiert. Die verwendete Apparatur wurde schon oft geschildert. Wir benützten für diese Versuche ein Gefäß, das die Form eines nach unten offenen Halbzylinders hatte und dessen Resorptionsfläche 6×13 cm $= 78$ qcm betrug und ein ähnliches kleineres mit einer Resorptionsfläche von 40 qcm.

Das auf 40° erwärmte Schwefelöl wurde durch einen der Tubuli eingegossen. Die Fixation des Behälterrandes auf die Haut geschah durch Gelatine sowie durch Dentokoll. Der Apparat wurde mit elastischen Binden an dem Tier festgemacht, so daß er nicht durch Bewegungen verschoben werden konnte. Die Dauer des Versuches betrug 90 Minuten bis 8 Stunden. Längere Bewegungslosigkeit gibt Anlaß zu Lähmungen. Versuchstier 9, an dem der längste, 8 Stunden dauernde, Versuch vorgenommen wurde, zeigte nachher deutliche Ermüdungserscheinungen. Die Ölmenge, die auch bei leichter Schräglage die von dem Gefäß umschlossene Hautfläche bedecken mußte, betrug 70—80 ccm. Bei Versuchsabbruch wurde das aufgebundene Tier auf die Bauchlage umgedreht, so daß alles Öl in den Aufsatz zurückfloß, hierauf wurde

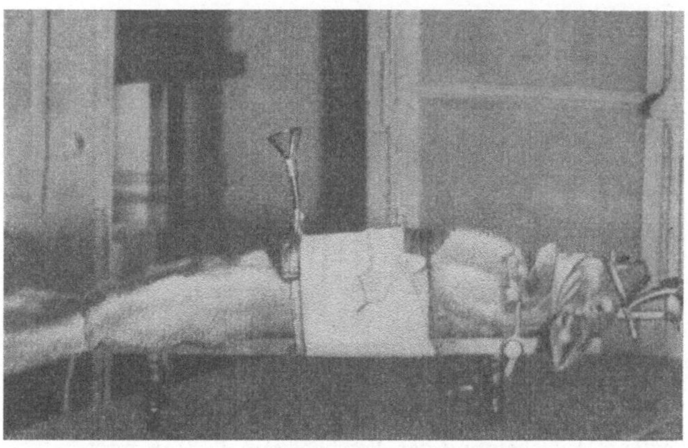

Abb. 8.

der Behälter entfernt, die Haut mit Aceton gereinigt und dann erst das Tier losgeschnallt. Damit nicht durch Belecken der Bauchhaut Fehler entstehen konnten, wurde einem jeden Tier ein Celluloidkragen um den Hals befestigt. Am Ende des Versuches und oft auch während desselben wurden die Tiere wieder katheterisiert und im Urin der Gesamtschwefel bestimmt. Außerdem wurde die Schwefelausscheidung auch noch nach 24 eventuell 28 Stunden nochmals kontrolliert.

Es wurden ausnahmslos in der Medizin gebräuchliche Öle pflanzlicher Herkunft für die Schwefellösungen verwendet. Über die Löslichkeit von Schwefel in Ölen finden sich in der einschlägigen Literatur spärliche Angaben. So gibt Dammer die Löslichkeit von Schwefel in Leinöl bei 25° mit 0,63% an. Wir bestimmten seine Löslichkeit in den von uns verwendeten Ölen bei 40°. Eine genau abgewogene Menge von Sulfur praecipitatum (Lac sulfuris) wurde in 100 ccm Öl von bekannter spezifischer Dichte gebracht und hierauf das Gemisch 6 Stunden lang auf dem Wasserbad bei 40° erwärmt. Die Filtration geschah durch einen Gooch-Tiegel. Tab. 3 gibt über die erhaltenen Resultate Auskunft. Wesentlich für die Lösungsfähigkeit des Schwefels in Öl ist jedenfalls der Gehalt der letzteren an Olein oder anderen ungesättigten Fettsäuren. Oft krystallisierte noch 10 Stunden nach dem Erkalten Schwefel aus, woraus sich eine gewisse Haltbarkeit übersättigter Schwefellösungen ergibt.

Für die Penetrationsversuche wurden verwendet:

1. *10proz. Aufschwemmung von Sulfur lotum in Oleum amygdalae.*

2. *S-gesättigtes Mandelöl.* Enthält bei 40° *0,8*% gelösten Schwefel.

3. *S-gesättigtes Pfirsichkernenöl.* Enthält *0,79*% gelösten Schwefel bei 40°.

4. *S-gesättigtes Arachidöl.* Enthält bei 40° *0,61*% gelösten Schwefel.

5. *Arachidöl mit einem Schwefelgehalt* bei 40° von *0,22*%.

6. *S-gesättigtes Olivenöl.* Enthält bei 40° *0,69*% gelösten Schwefel.

Bei den auf dem pharmakologischen Institute Berns vorgenommenen Penetrationsversuchen mit CO_2 und H_2S konnten die resorbierten Mengen aus der Differenz zwischen dem Inhalt des Rezipienten vor und nach dem Versuch ermittelt werden. Ein gleiches Vorgehen stößt für die Schwefelbestimmungen auf beträchtliche Schwierigkeiten. Es sei hier nur eine erwähnt: Beim Eindampfen des Rückstandes kam es in allen diesbezüglichen Versuchen zu einer Verkohlung, der auch das Jenaer Glas der Kolben nicht standhielt. In der Literatur fanden wir noch keine Methode der Schwefelbestimmung in Ölen, die für unsere Zwecke brauchbar gewesen wäre. So beschränkten wir uns auf die Schwefelbestimmung im Urin, die ja auch genügte, um die aufgeworfene Frage zu beantworten, und die auch, wie aus den nachfolgenden Überlegungen hervorgeht, ein sichereres Resultat ergeben muß als eine chemische Bestimmung des Schwefels im Rückstand nach dem Versuch.

Für die Bedeckung der Resorptionsfläche mußten wir, wie gesagt, 70—80 ccm Öl benutzen. Bei schwefelgesättigtem Mandelöl entspricht das einem Schwefelgehalt von etwa 600 mg. Die durchschnittliche Vermehrung des Schwefels im Urin betrug bei 2—5stündiger Versuchsdauer 64,5%. Während dieser Zeit wurden etwa 7—15 ccm Harn ausgeschieden, der an Stelle von 2,1—4,3 mg 64,5% mehr also 1,3—2,7 mg mehr Schwefel enthält. Da die Vorlage 600 mg enthält, bedeutet das einen für chemische Bestimmungen recht geringen Wert. Die Bestimmungsmethode müßte bei Ausschaltung aller Fehlerquellen eine Genauigkeit von 2—4‰ besitzen. Allerdings ist anzunehmen, daß ein Teil des resorbierten Schwefels im Körper zurückgehalten wird, aber die verwendbaren Methoden sind auch bei dieser Annahme nicht fein genug, um sichere Schlüsse zu gestatten.

Untersuchungen über die Aufnahme von Schwefel aus pflanzlichen Ölen durch die Haut.

Versuchsbedingungen: Die Tiere blieben während der Applikation der Öle und des Aufenthaltes im Stoffwechselkäfig nüchtern. In der Zwischenzeit erhielten sie im Verlauf von 24 Stunden 350 g Hafer. Heu ad libitum und 500 ccm Wasser.

Bestimmung des ausgeschiedenen Gesamtschwefels: a) Normalerweise: b) bei percutaner Schwefelverabreichung in Öl.

Die angeführten Zahlen für den Verbrauch an $^{n}/_{50}$ Thiosulfatlösung beziehen sich auf 1 ccm Harn.

Versuchstier 1: Farbe: schwarz. — Gewicht: 3090 g.

Versuch Nr. 1. Zweck: Bestimmung der normalen Schwefelausscheidung in 24 Stunden.

Versuchsdauer: 24 Stunden.

Ergebnis:		
	Verbrauch an Thiosulfat	1,25 ccm
	H_2SO_4-Ausscheidung in 24 Stunden . . .	78,0 mg
	entspricht	25,5 mg Schwefel
	H_2SO_4-Ausscheidung in 24 h/kg Körpergewicht	25,3 mg
	entspricht	8,3 mg Schwefel

Die zweite Harnprobe ergab genau gleiche Resultate.

Versuch Nr. 2. Zweck: Bestimmung der Schwefelausscheidung bei Applizieren einer Schwefelaufschwemmung in Öl auf die Haut. Vergleich mit der normalen Ausscheidung.

Anwendungsform des Schwefels: 10% Aufschwemmung von Sulfur lotum in Mandelöl.

Kleiner Apparat.

Wirkung: Das Schwefelöl bewirkte eine intensive Hautrötung am Orte der Anwendung, die innerhalb 24 Stunden vollständig verging.

Ergebnis:		
	Verbrauch an Thiosulfat	1,70 ccm
	H_2SO_4-Ausscheidung in 24 Stunden .	105,5 mg
	entspricht	34,5 mg Schwefel
	H_2SO_4-Ausscheidung in 24 h/kg . . .	34,2 mg
	entspricht	11,2 mg Schwefel

Zunahme der Schwefelausscheidung = 35,2%.

Versuchstier 2: Farbe: schwarz. — Gewicht: 3050 g.

Versuch Nr. 3. Zweck: Bestimmung der normalen Schwefelausscheidung innerhalb von 24 Stunden.

Versuchsdauer: 24 Stunden.

Ergebnis:		
	Verbrauch an Thiosulfat	1,5 ccm
	H_2SO_4-Ausscheidung in 24 Stunden	99,0 mg
	entspricht	32,7 mg Schwefel
	H_2SO_4-Ausscheidung in 24 Stunden/kg . . .	32,8 mg
	entspricht	10,7 mg Schwefel

Versuch Nr. 4. Zweck: Bestimmung des Gesamtschwefels im Harn, der unmittelbar vor dem Versuch Nr. 5 durch Katheterisieren erhalten wurde. Berechnung der entsprechenden Ausscheidung in 24 Stunden.

Ergebnis: Verbrauch an Thiosulfat . . . . 1,0 ccm
H_2SO_4-Ausscheidung auf 24 Stdn. berechnet 66,0 mg
entspricht . . . . 21,8 mg Schwefel.
H_2SO_4-Ausscheidung auf 24 Stunden berechnet pro kg Körpergewicht . . . . 21,9 mg
entspricht . . . . 7,15 mg Schwefel.

Die Größe der normalen Schwefelausscheidung im Vergleich zu dem Ergebnis von Versuch Nr. 3 ist auffallend.

Versuch Nr. 5. Zweck: Ermittelung der Schwefelausscheidung innerhalb von 24 Stunden bei Anwendung eines schwefelgesättigten Mandelöls. Bestimmung der Zunahme der Ausscheidung.

Anwendungsform des Schwefels: S-gesättigtes Mandelöl. Enthält 0,8% Sulfur praecipitatum in Lösung.

Dauer der Öleinwirkung: 2 Stunden.

Großer Apparat.

Wirkung: Das Öl, das mit Schwefel gesättigt ist, bewirkte eine geringe Rötung der Haut. Das Tier ertrug den Versuch sonst ohne irgendwelche Nebenerscheinungen.

Ergebnis: Verbrauch an Thiosulfat . . . . 1,25 ccm
H_2SO_4-Ausscheidung in 24 Stunden . . . . 82,5 mg
entspricht . . . . 27,0 mg Schwefel.
H_2SO_4-Ausscheidung in 24 h/kg . . . . . . 27,1 mg
entspricht . . . . 8,9 mg Schwefel.

Die Zunahme der Schwefelausscheidung = 25%, bezogen auf den Schwefelgehalt des Urins vor dem Versuch (vgl. Versuch Nr. 4).

Die Wirkung eines schwefelgesättigten Öles ist von der einer Schwefelaufschwemmung, in der natürlich auch Sättigung vorliegt, nicht wesentlich verschieden (vgl. Versuch Nr. 2).

Versuchstier 3: Farbe: Graubraun. — Gewicht: 2830 g.

Versuch Nr. 6. Zweck: Ermittelung der Ausscheidung des Gesamtschwefels innerhalb 24 Stunden.

Ergebnis: Verbrauch an Thiosulfat . . . . 1,15 ccm
H_2SO_4-Ausscheidung in 24 Stunden . . . . 52,5 mg
entspricht . . . . 17,2 mg Schwefel.
H_2SO_4-Ausscheidung in 24 h/kg . . . . . . 18,6 mg
entspricht . . . . 6,1 mg Schwefel.

Versuch Nr. 7. Zweck: Bestimmung der Schwefelausscheidung bei der Einwirkung einer S-Aufschwemmung in Oleum amygdale. Ermittelung der prozentualen Zunahme.

Anwendungsform des Schwefels: 10% Aufschwemmung von Sulfur lotum in Oleum amygdale.

Dauer der Öleinwirkung: 2 Stunden.

Großer Rezipient.

Wirkung: Das Tier zeigte an der Anwendungsstelle des Öles nach Abschluß des Versuches eine leichte Hautrötung.

Ergebnis: Verbrauch an Thiosulfat . . . . 1,8 ccm
H_2SO_4-Ausscheidung in 24 Stunden . . . . 103,0 mg
entspricht . . . . 33,7 mg Schwefel.
H_2SO_4-Ausscheidung in 24 h/kg . . . . . . 36,4 mg
entspricht . . . . 11,9 mg Schwefel.

Die Zunahme der Schwefelausscheidung nach Applikation der Schwefelaufschwemmung = 96,0%.

Versuch Nr. 8. Zweck: Bestimmung des Gesamtschwefels im Harn, der unmittelbar vor dem Versuch Nr. 9 durch Katheterisieren erhalten wurde. Berechnung der entsprechenden Ausscheidung in 24 Stunden.

Ergebnis: Verbrauch an Thiosulfat . . . . 1,7 ccm
H_2SO_4-Ausscheidung pro 24 Stunden berechnet 86,5 mg
entspricht . . . . 28,3 mg Schwefel.
H_2SO_4-Ausscheidung in 24 h/kg . . . . . . 30,6 mg
entspricht . . . . 10,0 mg Schwefel.

Versuch Nr. 9. Zweck: Bestimmung der Schwefelausscheidung bei Einwirkung eines S-gesättigten Mandelöles. Fraktionierte Bestimmungen des Harnschwefels nach 2-, 4- und 6stündiger Einwirkung, ebenfalls der Gesamtausscheidung in 24 Stunden.

Anwendungsform des Schwefels: S-gesättigtes Mandelöl. Enthält 0,8% gelösten Schwefel.

Dauer der Einwirkung: 6 Stunden. Bestimmung 2stündlich.

Großes Gefäß.

Wirkung: Das Öl bewirkte infolge seines Schwefelgehaltes eine intensive Rötung der Bauchhaut und eine Sensibilisierung derselben auf Berührungsreize. Das Tier war bei Versuchsabbruch etwas apathisch. Der Cornealreflex blieb intakt.

Ergebnis: Verbrauch an Thiosulfat nach 2 Stunden 1,7 ccm
„ „ „ „ 4 „ 1,6 ccm
„ „ „ „ 6 „ 2,9 ccm
„ „ „ „ 24 „ 1,55 ccm
H_2SO_4-Ausscheidung nach 6 Stunden, berechnet auf 24 Stunden . . . . 165 mg
entsprechen . . . . 53,9 mg Schwefel.
H_2SO_4-Ausscheidung nach 6stündiger Ölapplikation, berechnet auf 24 h/kg . . 58,3 mg
entsprechen . . . . 19,2 mg Schwefel.

Die Zunahme der Schwefelausscheidung nach 6 Stunden = 90,7%. Die Zunahme der in 24 Stunden ausgeschiedenen Schwefelmenge = 63%.

Überraschend ist die Tatsache, daß sich in 1 ccm Harn gemäß dem Verbrauch an Thiosulfat nach 2stündiger Ölapplikation nur gleichviel Schwefel befindet wie vor Beginn des Versuches. Nach 4stündiger Applikation betrug der Thiosulfatverbrauch pro 1 ccm Harn gar 0,1 ccm = 6% weniger. Die Erklärung dafür fand sich bei der Kontrolle der während der Dauer der Schwefelapplikation ausgeschiedenen Harnmengen. Diese sind beträchtlicher als die normalerweise ausgeschiedenen. Diese während des Versuches auftretende Polyurie kann wohl durch verschiedene Ursachen bedingt sein: So durch die diuretische Wirkung des Schwefels, die auch von anderer Seite beschrieben worden ist. Andererseits spiele wohl die Erregung des Tieres, die durch die ungewohnte Lage und die Befestigung usw. verursacht wurde, eine Rolle.

Wie der Versuch zeigt, war die 24stündige Ausscheidung des Schwefels im Harn um 63% erhöht.

Versuchstier 4:

Versuche Nr. 10 und 11. Form der Schwefelverwendung: S-gesättigtes Mandelöl. Enthält 0,8% Schwefel.

Großes Gefäß.

Dauer: 6 Stunden.

Die Zunahme der Schwefelausscheidung betrug = 97,8%.

Versuche Nr. 12 und 13. Anwendungsform des Schwefels: Schwefelgesättigtes Mandelöl. Gehalt an reinem Schwefel = 0,8%.

Großer Apparat.

Dauer der Öleinwirkung: 5 Stunden.

Die Zunahme der Schwefelausscheidung nach Applikation schwefelgesättigten Mandelöls = 69,4%.

Dieser Wert ist etwas tiefer als aus Versuch Nr. 11 zu erwarten war.

Versuch Nr. 14 und 15. Anwendungsform des Schwefels: S-gesättigtes Olivenöl. Enthält 0,69% Schwefel.

Dauer der Öleinwirkung: 5 Stunden.

Zunahme der Schwefelausscheidung = 78,2%.

Diese Zunahme entspricht nahezu der, welche unter sonst gleichen Bedingungen mit schwefelgesättigtem Mandelöl gefunden wurde. (Versuche Nr. 11 und 13.)

Versuch Nr. 16. Zweck: Prüfung des Urins, der 17 Stunden nach Abbruch des vorhergehenden Versuches innerhalb 3 Stunden sezerniert wurde, auf seinen Schwefelgehalt. Ist die Schwefelausscheidung nach dieser Zeit noch erhöht?

Zunahme an ausgeschiedenem Schwefel = 0% (vgl. Versuch Nr. 14).

Daraus darf der Schluß gezogen werden, daß bei diesem Tier der resorbierte Schwefel nach 17 Stunden (vom Versuchsabbruch an gerechnet) entweder ausgeschieden ist, oder mit dem Körperschwefel im Gleichgewicht steht.

Versuchstier 5: Farbe: Schwarz. — Gewicht: 2700 g.

Versuch Nr. 17. Zweck: Prüfung der normalen Schwefelausscheidung in 24 h.

Ergebnis:		
	Verbrauch an Thiosulfat	1,2 ccm
	H_2SO_4-Ausscheidung in 24 h	49 mg
	entspricht	16,7 mg S.
	H_2SO_4-Ausscheidung in 24 h/kg	18,2 mg
	entspricht	5,9 mg S.

Dieses Tier scheidet beinahe gleich viel Schwefel aus wie die Tiere 3 und 4 (vgl. Versuche 6 und 10).

Versuch Nr. 18. Zweck: Kontrolle der Schwefelausscheidung nach percutaner Verabreichung schwefelgesättigten Mandelöls. Hat die Größe des Rezipienten (gegenüber dem, der in Versuch Nr. 13 verwendet wurde) einen Einfluß?

Anwendungsform des Schwefels: S-gesättigtes Mandelöl. Enthält 0,8% gelösten Schwefel.

Dauer der Öleinwirkung: 5 Stunden.

Kleiner Apparat.

Wirkung: Leichte Rötung. Allgemeinzustand des Tieres nach 24 Stunden gut.

Ergebnis: Verbrauch an Thiosulfat . . . . 1,0 ccm
Innerhalb der ersten 8 Stunden nach Versuchsbeginn gingen 35 ccm Urin ab, während normalerweise in 24 Stunden bei diesem Tier nur 65 ccm Harn ausgeschieden wurden.
H_2SO_4-Ausscheidung auf 24 Stunden berechnet 68,5 mg
entspricht . . . . 22,4 mg Schwefel.
H_2SO_4-Ausscheidung in 24 h/kg . . . . . . 25,4 mg
entspricht . . . . 8,3 mg Schwefel.

Die Zunahme der Schwefelausscheidung beträgt = 39,8%.

Wenn man die Resultate der Versuche Nr. 17 und 18 vergleicht, so fällt auf, daß bei 18 (Schwefelölapplikation) der Verbrauch von Thiosulfat pro 1 ccm Urin bedeutend geringer ist. Die Schwefelausscheidung war aber innerhalb 24 Stunden gleichwohl erhöht, weil das unter dem Einfluß des Schwefels stehende Tier beinahe eine doppelte Menge Harn ausgeschieden hatte. Das Tier zeigt also wie das Versuchstier 3 (vgl. Versuch Nr. 9) eine Polyurie.

Die Größe des Rezipienten wirkte sich an der prozentualen Zunahme der Ausscheidung aus, die bei sonst weitgehend gleichen Bedingungen etwa um die Hälfte geringer ist als bei Anwendung des großen Gefäßes (vgl. Versuch Nr. 13).

In diesem Falle zeigte sich eine Abhängigkeit der ausgeschiedenen Menge Schwefels, bzw. des resorbierten Schwefels, von der Größe der Resorptionsfläche.

Versuchstier 6: Farbe: Braun. — Gewicht: 2490 g.

Versuch Nr. 19. Zweck: Ermittelung der normalen Ausscheidung von Gesamtschwefel in 24 Stunden.

Ergebnis: Verbrauch an Thiosulfat . . . . 1,25 ccm
H_2SO_4-Ausscheidung in 24 Stunden . . . . 57 mg
entspricht . . . . 18,7 mg Schwefel.
H_2SO_4-Ausscheidung in 24 h/kg . . . . . . 22,9 mg
entspricht . . . . 7,5 mg Schwefel.

Versuche Nr. 20 und 21. Zweck: Ermittelung der Schwefelausscheidung in einem Zeitraum von 7 Stunden nach Versuchsansetzung bei Applikation von schwefelgesättigtem Pfirsichkernenöl. Fraktionierte Harnentnahme nach 2 Stunden. Berechnung der gefundenen Werte auf 24 Stunden.

Anwendungsform des Schwefels: S-gesättigtes Pfirsichkernenöl. Gehalt an reinem Schwefel = 0,79%.

Dauer der Öleinwirkung: 5 Stunden.

Kleines Gefäß.

Wirkung: Sehr geringe Rötung der Bauchhaut. Tier war nach Versuchsabbruch längere Zeit apathisch. Es erholte sich aber bald.

Versuchsergebnis: Versuch Nr. 20 unbrauchbar, weil der nach 2 Stunden durch Katheterisieren erhaltene Urin Blut enthielt.

Versuch Nr. 21. Der Harn wurde 7 Stunden nach Versuchsansetzung untersucht:

Verbrauch an Thiosulfat . . . . 2,45 ccm
H_2SO_4-Ausscheidung auf 24 Std. berechnet 112 mg
entspricht . . . . 36,6 mg Schwefel.
H_2SO_4-Ausscheidung in 24 h/kg . . . . . . 45 mg
entspricht . . . . 14,7 mg Schwefel.

Zunahme des ausgeschiedenen Schwefels = *96,6%* bei 5stündiger Applizierung des Pfirsichkernenschwefelöls. Beinahe gleiches Ergebnis wie in Versuch Nr. 11 (4 Stunden Mandelölgabe).

Versuch Nr. 22. Zweck: Bestimmung, ob im vorhergehenden Versuche (Nr. 21) im Urin der im Zeitraum der 8. bis 24. Stunde (nach Versuchsbeginn) ausgeschieden wurde, noch eine Zunahme der Schwefelausscheidung vorhanden sei.

Versuchsanordnung: Siehe Versuche Nr. 20 und 21.

Ergebnis: *1. Probe*:
Verbrauch an Thiosulfat . . . . 1,90 ccm
H_2SO_4-Ausscheidung auf 24 Stunden berechnet 85 mg
entspricht . . . . 27,8 mg Schwefel.
H_2SO_4-Ausscheidung in 24 h/kg . . . . . . 34,2 mg
entspricht . . . . 11,2 mg

2. Probe:
Verbrauch an Thiosulfat . . . . 1,9 ccm
Bestätigung des 1. Resultates.

Die Zunahme der Schwefelausscheidung im Harn = *49,2%*.

Damit konnte gezeigt werden, daß die Prozentzunahme der Schwefelausscheidung nach Beendigung der Ölapplikation abnimmt (vgl. Versuch Nr. 21), die Ausscheidung aber noch andauert.

Versuchstier 7: Farbe: Schwarz. — Gewicht: 2450 g.

Versuche Nr. 23 und 24. Zweck: Bestimmung der Zunahme der Gesamtsulfatausscheidung im Urin bei percutaner Anwendung eines schwefelgesättigten Arachidöles.

Anwendungsform des Schwefels: S-gesättigtes Arachidöl mit einem Schwefelgehalt von 0,61%.

Dauer der Öleinwirkung: 3 Stunden.

Kleines Gefäß.

Die Zunahme der Schwefelausscheidung im Harn = *89,1%*.

Die Schwefelaufnahme aus diesem Öl übertrifft die der anderen, was auf spez. Eigenschaften des Öles zurückzuführen ist.

Versuchstier 8: Farbe: Graubraun. — Gewicht: 2430 g.

Versuch Nr. 25. Zweck: Bestimmung der normalen Schwefelausscheidung in 24 Stunden.

Versuchsdauer: 24 Stunden.

Ergebnis: Verbrauch an Thiosulfat . . . . 1,2 ccm
H_2SO_4-Ausscheidung in 24 Stunden . . . . 47 mg
entspricht . . . . 15,4 mg Schwefel.
H_2SO_4-Ausscheidung in 24 h/kg . . . . . . 19,4 mg
entspricht . . . . 6,3 mg Schwefel.

Versuch Nr. 26. Zweck: Ermittelung der Ausscheidung des Schwefels bei kurzer Einwirkung eines schwefelgesättigten Arachidöls auf die Haut. Berechnung auf die entsprechende Ausscheidung in 24 Stunden. Zunahme?

Anwendungsform des Schwefels: S-gesättigtes Arachidöl mit einem Gehalt von 0,61% reinem Schwefel.

Dauer der Öleinwirkung: 1 Stunde 30 Minuten.

Großer Apparat.

Wirkung: Keine Hautwirkung oder sonstigen Erscheinungen.

Ergebnis: Verbrauch a Thiosulfat . . . . 3,3 ccm
H_2SO_4-Ausscheidung auf 24 Std. berechnet . 129 mg
entspricht . . . . 42,2 mg Schwefel.
H_2SO_4-Ausscheidung in 24 h/kg . . . . . . 53,1 mg
entspricht . . . . 17,4 mg Schwefel.

Die Zunahme der Schwefelausscheidung beträgt = 174,5% nach 1 Stunde 30 Minuten.

Diese sehr hohe Zunahme läßt auf rasche Resorption schließen. Trotz kürzerer Dauer der Öleinwirkung wurde in diesem Versuche eine stärkere Zunahme der auf 24 Stunden berechneten Schwefelausscheidung gefunden als im Versuch Nr. 24.

Versuchstier 9: Farbe: Silbergrau. — Gewicht: 2500 g.

Versuch Nr. 27. Zweck: Bestimmung der normalen Schwefelausscheidung in 24 Stunden.

Ergebnis: Verbrauch an Thiosulfat . . . . 2,5 ccm
H_2SO_4-Ausscheidung in 24 Stunden . . . . 98 mg
entspricht . . . . 32 mg Schwefel.
H_2SO_4-Ausscheidung in 24 k/kg . . . . . . 39,3 mg
entspricht . . . . 12,9 mg Schwefel.

Dieses Tier zeigte im Urin auch in bezug auf Menge sehr hohe Werte.

Versuch Nr. 28. Zweck: Bestimmung der Zunahme der Schwefelausscheidung eines schwefelgesättigten Arachidöls bei langer Einwirkung.

Anwendungsform des Schwefels: Arachidöl von 0,22% Schwefelgehalt.

Dauer der Öleinwirkung: 8 Stunden.

Großer Apparat.

Wirkung: Starke Rötung der Bauchhaut an der Stelle der Öleinwirkung. Das Tier war nicht mehr imstande, sich auf den Beinen zu halten und machte einen apathischen und übermüdeten Eindruck. Es ließ sich ohne großen Widerstand auf die Seite drehen. Der Cornealreflex blieb intakt.

21 Stunden nach Beendigung der Schwefeleinwirkung hatte sich das Tier noch nicht erholt. 24 Stunden später wurde es tot im Käfig liegend aufgefunden.

Die Sektion ergab keinen makroskopischen Befund. Das pathologische Institut, dem Leber und Niere überwiesen wurden, gab folgenden Bericht über die mikroskopische Untersuchung:

Niere: Glomeruli klein, sehr blutreich, Epithelien der Schalt- und Schleifenstücke feintropfig verfettet. Capillaren zwischen den Tubuli hyperämisch. Kein Glykogen.

Leber: Leberzellbalken breit: Kerne groß, rund, hell. Im Zentrum der Läppchen feintropfige Verfettung, wobei die Fetttropfen an der Peripherie der Zellen liegen. Capillaren sehr weit, hyperämisch. Kupffersche Sternzellen verfettet. Glissonsche Scheiden zart. Kein Glykogen.

Diagnose: Stauungsniere, Stauungsleber.

Eine Glykogenanreicherung ist wohl nur bei längerer Verabreichung von Schwefel zu finden. Maßgebend für die Todesursache des Tieres ist wahrscheinlich auch die weitgehende Überanstrengung durch die Beanspruchung (langes Aufbinden, Lage usw.) während des Versuches.

Ergebnis: Verbrauch an Thiosulfat . . . . 3,4 ccm
H_2SO_4-Ausscheidung in 24 Stunden . . . . 230 mg
entspricht . . . . 75,2 mg Schwefel.
H_2SO_4-Ausscheidung in 24 h/kg . . . . . . 91,9 mg
entspricht . . . . 30,0 mg Schwefel.

Zunahme des Schwefels im Urin bei Anwendung eines 0,22% Schwefel enthaltenden Arachidöles = 137%.

Schwefel wird — wie schon Versuch Nr. 26 zeigte — aus Arachidöl besonders gut aufgenommen.

Versuch Nr. 29. Zweck: Bestimmung der Schwefelausscheidung in Versuch Nr. 28 im Harn, der im Zeitraum der 9. bis 21. Stunde nach Versuchsbeginn ausgeschieden wurde.

Versuchsanordnung: Siehe Versuch Nr. 28.

Ergebnis: Verbrauch an Thiosulfat . . . . 2,5 ccm
H_2SO_4-Ausscheidung auf 24 Std. berechnet 170 mg
entspricht . . . . 55,5 mg Schwefel.
H_2SO_4-Ausscheidung in 24 h/kg . . . . . . 67,9 mg
entspricht . . . . 22,2 mg Schwefel.

Die Zunahme der Schwefelausscheidung beträgt = 73,5% im Harn, der im Zeitraum der 9. bis 21. Stunde nach Versuchsbeginn ausgeschieden wurde.

Dieses Resultat zeigt — wie auch die Ergebnisse der Versuche Nr. 9 und 22 —, daß die Schwefelausscheidung während der Einwirkung des Öles am größten ist und nachher langsam zur Norm absinkt.

Vor kurzem habe ich auch die Resorption von Schwefel aus Thiorubrol, das zu Schwefelbädern benutzt wird, untersucht. Das Thiorubrol besteht aus

in sulfuriertem Öl gelöstem Schwefel 2%
mit freiem Schwefel sulfuriertem Öl 77%
organischem Kalisulfat 20%
Phloxin 1%

Die Resorption von Schwefel wurde auch aus dieser Mischung mit Hilfe meines Apparates sichergestellt.

Tabelle 10. Zusammenstellung sämtlicher Versuchsergebnisse.

A. Verbrauch von $Na_2S_2O_3$. Für die Titration der H_2SO_4, H_2SO_4 und S pro 1 ccm Urin; pro 24 Stunden usw. Siehe Tab. 11.

Versuchstier	Versuchs-Nr.	Form der Schwefelgabe	Aufsatz groß klein	Dauer in Stunden	Verbrauch von $^n/_{50}$ $Na_2S_2O_3$	Entspricht mg H_2SO_4 pro ccm	Entspricht mg S pro ccm
1	1	Leerversuch	—	24	1,25	0,817	0,266
		2. Probe	—	24	1,25	0,817	0,266
	2	10% S-Aufschwemmung in Oleum amygd. (1)	kl.	3	1,70	1,11	0,362
2	3	Leerversuch	—	24	1,5	0,98	0,32
	4	Leerversuch	—	v. V. 5	1,0	0,654	0,214
	5	Gesättigtes S-Mandelöl (2) . .	g	2	1,25	0,817	0,267
3	6	Leerversuch	—	24	1,15	0,75	0,245
	7	10% S-Aufschwemmung in Ol. amygd. (1)	g	2	1,8	1,18	0,386
	8	Leerversuch	g	v. V. 9	1,7	1,11	0,362
	9	Gesättigtes S-Mandelöl (2) . .	g	n. 2 h	1,7	1,11	0,362
				n. 4 h	1,6	1,05	0,342
				n. 6 h	2,9	1,90	0,62
				n. 24 h	1,55	1,01	0,33
4	10	Leerversuch	g	24	0,95	0,62	0,202
	11	Gesättigtes S-Mandelöl (2) . .	g	4	1,90	1,24	0,405
	12	Leerversuch	—	v.V.13	1,55	1,01	0,33
	13	Gesättigtes S-Mandelöl (2) . .	g	5	2,1	1,37	0,448

Tabelle 11. Ergänzung zu Tabelle 10.

Zunahme der H_2SO_4 und des S in %.

a) mg H_2SO_4 ausgesch. in 24 Std. c) In 24 Std ausg. H_2SO_4 pro kg Körp.Gw.
b) mg S ausgeschieden in 24 Std. d) In 24 Std. ausg. S pro kg Körpergewicht

Versuchstier	Versuchs-Nr.	Form der Schwefelgabe	Pro 24 Std.		Pro kg Gewicht berechnet		Zunahme der H_2SO_4 + S in %
			H_2SO_4 mg	S in mg	mg H_2SO_4 in 24 Std.	mg S in 24 Std.	
1	1	Leerversuch	78,0	25,5	25,3	8,3	
	2	10% S-Aufschwemmung in Ol. amygd. (1)	105,5	34,5	34,2	11,2	*35,2%*
2	4	Leerversuch	66,0	21,8	21,9	7,15	
	5	Gesättigtes S-Mandelöl (2) . .	82,5	27,0	27,1	8,9	*25,0%*
3	6	Leerversuch	52,5	17,2	18,6	6,1	
	7	10% S-Aufschwemmung in Ol. amygd. (1)	103,0	33,7	36,4	11,9	*96,0%*
	8	Leerversuch	86,5	28,3	30,6	10,0	
	9	Gesättigtes S-Mandelöl (2) nach 6 Stunden	165,0	53,9	58,3	19,2	*90,7%*
		,, 24 Stunden	141,0	46,0	49,9	16,3	*63,0%*
4	10	Leerversuch	45,0	14,7	16,7	5,5	
	11	Gesättigtes S-Mandelöl (2) . .	89	29,1	33,0	10,8	*97,8%*
	12	Leerversuch	72,6	23,7	26,9	8,8	
	13	Gesättigtes S-Mandelöl (2) . .	123,0	40,3	45,5	14,9	*69,4%*

Tabelle 12. Zusammenfassung sämtlicher Versuchsergebnisse
Verbrauch von $Na_2S_2O_3$ für die Titration der H_2SO_4 · H_2SO_4 u. S pro 1 ccm Urin.

Versuchstier	Versuchs-Nr.	Form der Schwefelgabe	Aufsatz groß klein	Dauer in Std.	Verbrauch von $^n/_{50}$ $Na_2S_2O_3$	Entspricht mg H_2SO_4 pro ccm	Entspricht mg S pro ccm
4	14	Leerversuch	—	24	0,95	0,62	0,203
	15	Gesättigtes S-Olivenöl (6) . .	g	5	1,8	1,18	0,386
		2. Probe	—	—	1,8	1,18	0,386
	16	Frakt. Entnahme 17 Std. nach Versuchsbeendigung	—	—	0,95	0,62	0,203
5	17	Leerversuch	—	24	1,2	0,785	0,256
	18	Gesättigtes S-Mandelöl (2) . .	kl.	5	1,0	0,654	0,214
6	19	Leerversuch	—	24	1,25	0,82	0,268
	20	Gesätt. Pfirsichkernenöl (3) . .	kl.	5			
	21	2 Std. nach Versuchsbeendigung	—	—	2,45	1,6	0,524
	22	24 Std. nach Versuchsbeginn .	—	—	1,90	1,24	0,405
		2. Probe	—	—	1,90	1,24	0,405
7	23	Leerversuch	—	24	1,1	0,74	0,245
	24	Gesättigtes S-Arachidöl (4) 24 Std. nach Versuchsbeginn	g	3	2,1	1,37	0,448
8	25	Leerversuch	—	24	1,2	0,785	0,256
	26	Gesättigtes S-Arachidöl (4) . .	g	$1^1/_2$	3,3	2,16	0,705
9	27	Leerversuch	—	24	2,5	1,63	0,533
	28	S-Arachidöl mit 0,2% gel. S. .	g	8!!	3,4	2,22	0,725
	29	21 Std. n. Versuchsbeendigung	—	—	2,5	1,64	0,535

Tabelle 13. Ergänzung zu Tabelle 10.
Zunahme der H_2SO_4 und des S in %.

a) mg H_2SO_4 ausgeschieden in 24 Std.
b) mg S ausgeschieden in 24 Std.
c) In 24 Std. ausg. H_2SO_4 pro kg Körp.-Gw.
d) In 24 Std. ausg. S pro kg Körpergewicht

Versuchstier	Versuchs-Nr.	Form der Schwefelgabe	Pro 24 Std.		Pro kg Gewicht berechnet		Zunahme der H_2SO_4 + S in %
			H_2SO_4 mg	S in mg	mg H_2SO_4 in 24 Std.	mg S in 24 Std.	
4	14	Leerversuch	59,5	19,5	22,1	7,2	
	15	Gesättigtes S-Olivenöl (6). . .	106,0	34,6	39,3	12,9	*78,2%*
		17 Std. n. Versuchsbeendigung (Frakt.)	59,5	19,5	22,1	7,2	0%
5	17	Leerversuch	49	16,0	18,2	5,9	
	18	Gesättigtes S-Mandelöl (2) . .	68,5	22,4	25,4	8,3	*39,8%*
6	19	Leerversuch	57	18,7	22,9	7,5	
	20	Gesätt. Pfirsichkernenöl (3) . .					
	21	2 Std. n. Versuchsbeendigung	112	36,6	45	14,7	*96,6%*
	22	24 Std. nach Versuchsbeginn .	85	27,8	34,2	11,2	*49,2%*
7	23	Leerversuch	55,5	18,2	21,9	7,15	
	24	Gesättigtes S-Arachidöl (4) nach 24 Stunden	105	34,4	41,4	13,6	*89,1%*
8	25	Leerversuch	47	15,4	19,4	6,3	
	26	Gesättigtes S-Arachidöl (4) . .	129	42,2	53,1	17,4	*174,5%*
9	27	Leerversuch	98	32	39,3	12,9	
	28	S-Arachidöl mit 0,2% gel. S. :	230	75,2	91,9	30,0	*137,0%*
	29	21 Std. n. Versuchsbeendigung	170	55,5	67,9	22,2	*73,5%*

Zusammenfassung der Untersuchungsergebnisse.

1. An zahlreichen Versuchen an Kaninchen wurde die normale Schwefelausscheidung bei gleichen Ernährungsbedingungen untersucht. Sie unterliegt — wie zu erwarten war — individuellen Verschiedenheiten. Die besten Vergleiche ließen sich ziehen bei der Berechnung des in 24 Stunden pro Kilogramm Körpergewicht ausgeschiedenen Gesamtschwefels. Die gefundenen Werte bewegen sich zwischen 5,5 und 12,9 mg/kg. Bei 7 Tieren liegt die tägliche Ausscheidung von Schwefel im Harn zwischen 6 und 8 mg/kg.

2. Der quantitative Nachweis des Gesamtschwefels im Harn wurde nach nasser Oxydation der organischen Schwefelverbindungen zu Sulfaten durch eine Titrationsmethode vorgenommen. In 3 Fällen wurde die Bestimmung überprüft und genau befunden. Die Methode ist für Vergleichszwecke geeignet.

3. In 12 Versuchen konnte nach cutaner Anwendung von in Öl gelöstem Schwefel eine eindeutige Vermehrung des im Harn ausgeschiedenen Schwefels festgestellt werden. *Die Haut ist demnach für in dieser Form aufgetragenen Schwefel durchgängig.*

4. Die verschiedenen Öle, die verwendet wurden, zeigten in ihrer Wirkung keine grundlegenden, wohl aber quantitative Unterschiede. Die Zunahme der Schwefelausscheidung betrug je nach Versuchsanordnung 35,2 bis 174,5%.

Die Wirkung eines schwefelgesättigten Öles ist von der einer Schwefelaufschwemmung nicht verschieden. Mandelöl und Pfirsichkernenöl, mit gleichem Schwefelgehalt einerseits, schwefelgesättigtes Olivenöl und Mandelöl andererseits ergaben bei gleichen Versuchsbedingungen übereinstimmende Resultate. Arachidöl bewirkte die stärkste Zunahme der Schwefelausscheidung.

5. Fraktionierte Bestimmungen der während eines Versuches ausgeschiedenen Schwefelmengen ergaben eine rasche Resorption des Schwefels, der in Öl gelöst aufgelegt wurde. In einem Falle wurde schon nach 90 Minuten eine starke Zunahme der Ausscheidung festgestellt. Die Schwefelausscheidung ist während der Applikation am größten. Hernach klingt sie ab und nähert sich langsam der normalen. In einem Fall war die Schwefelausscheidung 17 Stunden nach Versuchsabbruch wieder normal.

6. a) Die verschiedenen Schwefelöle und Aufschwemmungen von Schwefel in Öl bewirkten bei längerer Anwendung eine Entzündung und eine Sensibilisierung der Haut auf Berührungsreize.

Die Tiere zeigten bei den meisten Versuchen rasche Erholung und bald wiederkehrende Freßlust. Nur in einem Falle trat Exitus auf, der wohl zum Teil der Übermüdung zugeschrieben werden mußte.

b) In 2 Fällen ließ sich durch fraktionierte Prüfung der Harnmengen, die während der Öleinwirkung bestimmt wurden, eine beträchtliche Vermehrung der Harnsekretion nachweisen. Diese Wirkung ist einem diuretischen Einfluß des Schwefels zuzuschreiben.

7. Bei den gleichen Versuchstieren wurde immer die gleiche Rezipientengröße verwendet. Untersuchungen bewiesen jedoch eine Abhängigkeit der Ausscheidung von der Größe der Resorptionsflächen.

Quecksilber.

Die Frage, ob das metallische Quecksilber die menschliche Haut zu durchdringen vermag, ist bis zu unseren Versuchen niemals mit zwingender Sicherheit gelöst worden. Zwar hielt schon FÜRBRINGER die Haut für permeabel mit Bezug auf dieses Metall, und er stützte sich dabei auf histologische Untersuchungen, aus denen hervorging, daß die in die Talgdrüsen eingedrungenen — also mechanisch hereingepreßten — Quecksilberkügelchen allmählich flacher würden. Er zeigte das, indem er bei Patienten, die einer Schmierkur unterworfen waren, von Zeit zu Zeit kleine Hautstückchen excidierte und histologisch untersuchte. JENKINS ließ dagegen Patienten, die einer Schmierkur unterworfen waren, durch Schläuche quecksilberfreie Luft einatmen und fand den Urin quecksilberhaltig. Die FÜRBRINGERschen Versuche wirken nicht ganz überzeugend, da er ja nicht in der Lage war, an ein und derselben Stelle mehrmals ein Stückchen Haut zu entfernen und schon dadurch Täuschungen entstehen konnten. Auch bildet die mehr oder weniger starke Abplattung der Quecksilberkügelchen kein sicheres Zeichen für ihre teilweise Resorption. Wenn man ferner in Betracht zieht, daß klinische Räume, in denen graue Salbe bei mehreren Patienten verwendet wird, mit Quecksilberdämpfen erfüllt sind, so daß auch das Wartepersonal und die behandelnden Ärzte Spuren von Hg im Urin aufweisen, wird man auch den Versuchen von JENKINS kein großes Vertrauen schenken können; denn seine Versuchspersonen konnten nicht Tage und Nächte lang reine Luft durch Schläuche einatmen.

Es war daher verständlich, daß ein erfahrener Syphilitologe wie WELANDER an die Permeabilität der Haut für Quecksilber überhaupt nicht mehr glaubte, die Schmierkur als eine Einatmungskur betrachtete und seine Patienten nur noch aus einem mit Hg getränkten, auf der Brust getragenen Säckchen das Metall inspirieren ließ. BÜRGI hat dann allerdings eine Penetrationsfähigkeit des Quecksilbers durch die Haut angenommen, weil er bei den üblichen Schmierkuren eine beträchtlichere und gleichmäßigere Ausscheidung des Metalles durch die Nieren festgestellt hatte als bei den Einatmungskuren nach WELANDER. Einen ersten sicheren Befund bekam JULIUSBERG, der in dem Urin eines

Hundes, dessen Kopf sich wohlabgedichtet in einem anderen Raum als der übrige Körper befand und in dessen enthaartes Fell graue Salbe eingerieben wurde, Spuren von Quecksilber fand. Aber diese Feststellung galt eben nur für den Hund, dessen Fell ganz andere Resorptionsverhältnisse aufweisen konnte als die Haut des Menschen. Moncorps hat bei 12stündiger Applikation von Hg das Metall in den Haarbälgen wiedergefunden und gesehen, daß die Kügelchen in der Tiefe an Zahl abnahmen. In dem Drüsenfundus waren sie aber nie zu sehen. Nach den an der Haut von Leichen ausgeführten Untersuchungen Fränkels fand sich das Quecksilber nur in den alleroberstenHautschichten, in der Tiefe nur bei Verletzungen der Epidermis.

Trotzdem aus all diesen Versuchen mit einiger Wahrscheinlichkeit hervorging, daß das metallische Quecksilber die Haut des Menschen durchdringt, schien es doch geboten, diese Frage mit Hilfe des Bürgischen Apparates unwiderleglich zu beantworten. Legt man graue Salbe auf die Haut und bedeckt die Stelle mit dem Rezipienten, dessen Hähne fest geschlossen sind, so kann kein Quecksilber in die Atmungsluft hineingelangen, und wenn man unter solchen Kautelen den Urin auf Hg untersucht, so muß das letztere durch die Haut hindurchgegangen sein. Allerdings muß man an Versuchspersonen arbeiten, deren Urin sich vor der Applikation der grauen Salbe als quecksilberfrei erwiesen hatte. P. Fasel hat solche Versuche auf dem Berner pharmakologischen Institute ausgeführt, und zwar an einem Patienten, dessen Harn vor der Verwendung des Ungt. cinereum auf Hg genau und mit negativem Ergebnis untersucht worden war. Die Salbe wurde in einer Menge von 2 g auf die Volarfläche des rechten Armes aufgelegt und sogleich mit dem Rezipienten zugedeckt. Der Apparat hatte einen Durchmesser von 5 cm. Die Salbe blieb während des ersten Versuches 3 Stunden lang liegen. Der Urin wurde dann am 1., 2., 3., 5., 6., 8. und 10. Tage nach der Salbenauftragung auf Quecksilber geprüft. Die Reaktion war an den ersten 3 Tagen positiv, hernach immer negativ. Das zweite Mal wurde genau gleich vorgegangen und der Urin am 1., 2., 3., 5., 7., 9. und 11. Tag nach der Salbenapplikation auf seinen Gehalt an Quecksilber untersucht. Die Reaktion war am 1. Tage negativ, am 2., 3. und 5. positiv, von da an wieder negativ. Das negative Resultat am 1. Tage erklärte sich aus der relativ späten Salbenanwendung am Tage vorher: Die Salbe war um 18 Uhr aufgelegt worden und bis 6 Uhr früh des nächsten Tages hatte man sie einwirken lassen. Im ersten Versuch war sie dagegen am Tage vor der Untersuchung des Urins von 14—17 Uhr auf dem Vorderarm der Versuchsperson geblieben. Die Zeitspanne bis zur Untersuchung des Urins betrug also in diesem ersten Versuche 12 Stunden. Die Hauptergebnisse waren demnach in diesen beiden Experimenten dieselben. In beiden Fällen war die Hg-Reaktion am

1. Tage nach der Applikation die stärkste, nachher nahm sie an Intensität ab und wurde nach 3 Tagen negativ.

Für den Nachweis des Quecksilbers im Urin wurde das verbesserte STOCKsche Verfahren verwendet, in welchem das Hg in Quecksilberjodid und -jodür übergeführt wird. Die Bestimmung geschah mit äußerster Genauigkeit. Aus diesen Ergebnissen kann also mit Sicherheit geschlossen werden, daß das metallische Quecksilber in Form von grauer Salbe auf die Haut gebracht, selbst ohne eingerieben zu werden, die Cutis penetriert und so ins Blut gelangt. Es ist wohl anzunehmen, daß bei dem Einmassieren noch mehr von dem Metall durch die Haut hindurchgeht, doch läßt sich diese Frage nicht entscheiden, weil bei diesem üblichen Verfahren der BÜRGIsche Apparat nicht verwendet werden kann und jedenfalls auch viel Hg eingeatmet wird.

HANS GROSSENBACHER hat dann in Fortsetzung der FASELschen Versuche untersucht, ob das Quecksilber auch aus der *weißen Präcipitatsalbe* teilweise von der Haut aufgenommen wird. Die Versuchsanordnung war dieselbe wie die von FASEL benutzte. Das Quecksilber befindet sich in dieser Salbe als $HgClNH_2$. MARLOFF hatte die Penetration dieses Stoffes aus der weißen Präcipitatsalbe auch schon untersucht. Er rieb in einem ersten Versuche einem 29jährigen Manne während 22 Tagen jeden Abend in die Haut des linken Ober- und Unterarmes je 2 g einer Salbe ein, die 5,0 Hydrarg. praecip. alb., 5,0 Bism. subn. und 90,0 Vaselin enthielt. Die Salbe wurde jeden Morgen mit Seifenwasser entfernt. Die Urine des 6., 7. und hernach die des 20., 21. und 22. Versuchstages wurden gesammelt und auf Quecksilber untersucht. Erst in den drei Urinen dieser letzten Versuchstage konnte er Quecksilberspuren nachweisen, und er schließt, das nach Applikation einer 5proz. weißen Präcipitatsalbe nur geringe Mengen Quecksilber zur Resorption gelangen. Bei einem zweiten Versuche an einem 29jährigen Manne fand MARLOFF nach einer 3wöchigen täglichen Einreibung von 5 g einer 10proz. Präcipitatsalbe im Urin während der 1. und 2. Woche nur Spuren, in der 3. Woche 0,08, in der 4. 0,6 mg Hg, nachher während 2 Wochen immer nur Spuren und in der 7. Woche kein Quecksilber. Aber auch er hatte die Möglichkeit einer Aufnahme von Hg durch die Einatmung nicht ausgeschlossen.

Aus den mit dem BÜRGIschen Rezipienten von GROSSENBACHER ausgeführten Versuchen ging hervor, daß nach 3stündiger Applikation von 2 g 10proz. Ungt. hydrarg. alb. auf die Haut 7 Tage lang keine Spur von Quecksilber gefunden werden konnte. Während einer 27stündigen Applikation derselben Salbe unter Collodiumverschluß war dagegen die Quecksilberreaktion im Urin sehr stark positiv. In den Tagen nach Entfernung der Salbe wurde sie allmählich schwächer und am 3. Tage unsicher. Von da an wurde der Urin noch 1 Woche lang jeden

2. Tag auf Quecksilber untersucht, aber keine Spur mehr gefunden. Während der 27stündigen Applikation der Salbe litt die Versuchsperson (27jähriger Mann) an heftigen Durchfällen, die 30 Stunden nach Entfernung des Ungt. praecip. alb. aufhörten. Auch war die Diurese während der Salbenwirkung relativ hoch ($2^1/_2$ l pro Tag), was den BÜRGIschen Feststellungen nach der starken Quecksilberausscheidung entspricht, da sie mit ihr im allgemeinen parallel geht. Die Annahme, daß es sich hierbei um eine Quecksilberintoxikation gehandelt habe, darf mit einiger Wahrscheinlichkeit gemacht werden.

Aus diesen Versuchen ergibt sich, daß das Quecksilber bei kurzer Applikation von Ungt. hydrarg. praecip. alb. nicht in nachweisbaren Mengen (Grenze des Nachweises $^1/_{100}$—$^1/_{1000}$ mg) die Haut durchdringt, wohl aber bei längerem (27stündigem) Verweilen der Salbe auf der Haut, und daß dann sogar recht viel aufgenommen werden kann. Eine Schädigung der Haut tritt dabei nicht ein, wohl aber kann es zu einer leichten Allgemeinvergiftung durch Quecksilber kommen. Nachdem die Penetrationsfähigkeit des in Form der grauen Salbe aufgetragenen metallischen Quecksilbers, ja sogar — wenn auch in geringstem Umfange — des Hg praecipit. album aus der entsprechenden Salbengrundlage durch unsere Versuche als definitiv bewiesen gelten konnte, wurde im weiteren geprüft, ob auch die als Desinfektionsmittel viel verwendeten *Sublimat*lösungen die Haut passieren. Dies festzustellen schien von praktisch wichtiger Bedeutung, da chronische Quecksilbervergiftungen leichten Grades namentlich in früherer Zeit, als das Sublimat für die Hautdesinfektion noch in größtem Umfang verwendet wurde, bei Chirurgen relativ häufig vorgekommen sind. Es ist allerdings hierzu zu bemerken, daß in den Räumen, in denen Sublimatlösungen beim Stehenlassen, Waschen oder Verspritzen verdunsten, Quecksilber auch eingeatmet wird und so in das Blut gelangt. Unsere Apparatur gestattete aber, diesen Faktor auszuschalten und die Penetration durch die Haut gesondert zu prüfen. Die Versuche wurden wegen der bei längerer Applikation möglichen Schädigung der Haut ausschließlich an Kaninchen vorgenommen, teils durch Auflegen von reiner Sublimatlösung, teils unter Zusatz von Kochsalz zu 1%. KRUMMENACHER prüfte die Resorption an Hand von Quecksilberbestimmungen im Urin, die nach der in den Arbeiten meiner anderen Mitarbeiter (FASEL und GROSSENBACHER) verwendeten Methode ausgeführt wurden.

Verwendet wurden 1- bis 5proz. Sublimatlösungen, die 3—7 Stunden auf die Bauchhaut des Tieres gebracht wurden. Der Urin wurde nach 3, nach $17^1/_2$ und nach 21 Stunden auf seinen Gehalt an Quecksilber geprüft. Die Ergebnisse waren durchweg negativ bis auf einen einzigen Fall, bei dem offenbar infolge eines Versuchsfehlers bei einem weiblichen Tier durch eine Brustwarze ein kleines Quantum Sublimat in den Körper eingedrungen war und eine schwach positive Hg-Reaktion im Urin nachgewiesen werden konnte.

Die Sublimatlösungen verhalten sich mithin wie die anderen von uns untersuchten, wässerigen Lösungen anderer Salze wie NaCl, KCl, $CaCl_2$, KJ usw., welche die Haut in Konzentrationen von 1‰ bis 5% auch nicht in nachweisbarer Menge penetrieren. Das Auflegen stärkerer Sublimatlösungen schien nicht ratsam, da die Haut durch sie alteriert, ja zerstört worden wäre. Man darf, da die Bauchhaut des Kaninchens ein besonders zartes Gebilde ist, aus diesen Versuchen schließen daß beim Menschen percutan ebenfalls kein Sublimat aufgenommen wird, falls die Lösungen nicht so stark konzentriert sind, daß sie die Haut entzünden und verätzen. Vergiftungen durch Sublimatbäder, die in den Zeiten der Desinfektionshysterie oft genommen wurden, geschahen wohl von den ebenfalls in der Lösung befindlichen Schleimhäuten aus.

Bleiverbindungen.

Neben der Hautpermeabilität des Quecksilbers interessierte, was die Metalle betrifft, namentlich die des Bleies. PH. O. SÜSSMANN studierte die Frage der Resorption von *Blei* und *Quecksilber* bzw. ihrer Salze durch die unverletzte Haut des Warmblüters.

VOGT und BURCKHARDT hatten sich mit dem Problem schon beschäftigt, aber unwahrscheinlich hohe Aufnahmezahlen erhalten, die auf Versuchsfehler zurückgeführt werden müssen. SÜSSMANN verwendete vor allem *Bleisalben*, die unter einem völlig undurchlässigen Verbande bis zu 47 Tagen auf große Flächen enthaarter Haut einwirkten. Außerdem hat er Meerschweinchen in wässerige Lösungen von ölsaurem Blei oder von neutralem Bleiacetat bei 41° 30 Stunden lang eingetaucht. Die aufgenommenen Bleimengen waren sehr gering, z. B. 0,1—0,19 mg Blei pro Quadratdezimeter Haut, oder 0,025—0,05 Blei bei den eingetauchten Meerschweinchen. Hier wären auch noch die Angaben von Y. KOJIMA und TEI NIKOMATSU zu erwähnen, nach denen Blei aus bleihaltigen Schminken von der Haut aufgenommen wird, sowie die von E. GIUDICI, der eine Herabsetzung der perspiratio insensibilis durch Blei gefunden hat. Es ist verständlich, daß man sich neben dem Quecksilber häufig mit dem Blei mit Bezug auf ihre Durchgängigkeit durch die Haut beschäftigt hat, da beide Metalle im Gegensatz zu den anderen den Organismus leicht durchwandern und in allen Sekreten und Exkreten erscheinen, das Quecksilber allerdings rascher und in größerer Menge als das Blei. Es ist insofern auch begreiflich, daß sie sich in ihrer Hautpermeabilität ähnlich verhalten.

Jod.

Da sich elementares Jod in Gasform in der Luft befindet, wäre zunächst die Frage zu stellen, ob es nur eingeatmet und verschluckt wird, oder ob es auch von der Haut aus in den Organismus des Menschen eindringen kann. Nach H. LÖHR wäre das letztere anzunehmen. Der strikte Beweis steht aber aus. Die Angaben von HINTZELMANN, daß in einem Bade freigemachtes elementares Jod durch die Haut in das Blut und den Urin gelangt, sind trotz des Tallojodidnachweises wenig überzeugend. NYIRI und JANNITTI brachten freies Jod auf das Kaninchenohr und wollen es dann in der Durchströmungsflüssigkeit des abführenden Gefäßes gefunden haben. Ein Teil soll verdunsten, der andere durch die Haut gehen. Das Verdunstete kann aber auch durch die Atmung in den Organismus gelangen. Ob das Jod in Form von Jodtinktur auf die Haut gebracht, penetriert, ist mehr als fraglich, BLISS und RICHARD behaupten es allerdings. V. WITTICH nimmt es nur für die Kaninchenhaut, nicht aber für die Menschenhaut an und ebenso bemerken v. ZIEMSSEN und A. RICKER eine Resorption sei nur von der kranken Haut aus möglich. Dagegen fand RÖHRIG bei Bepinselung der unteren Extremitätenhaut mit Jodtinktur regelmäßig, bei Ausschluß einer Inspiration der flüchtigen Substanz durch die Lungen, Jod im Urin. Im großen und ganzen läßt sich wohl sagen, daß die Jodaufnahme aus auf die Haut gebrachter Jodtinktur äußerst gering und meist null ist (s. auch WETZEL und SOLLMANN). *Die mit meinem Apparat vorgenommenen Versuche mit wässerigen Jodkalilösungen beweisen ferner, daß sie sich wie andere Salzlösungen verhalten und ein Eindringen der Substanz nur aus hochkonzentrierten Lösungen möglich ist.* Hiermit erledigen sich alle die vielen Angaben über die Aufnahme von Jod aus Moor- und Wasserbädern (s. u. a. v. KOPFF, sowie ANTHES und SALZMANN). Ich gehe hier mit CANALS und GIDON durchaus einig. Sie konstatierten, daß Jodkali aus wässerigen Lösungen während 10 Stunden nicht durch die Haut resorbiert wird. Ganz anders verhält sich aber das in Form von Salben aufgetragene Jod. Seine percutane Resorption ist längst sichergestellt und von HEFFTER und seinen Schülern sogar zur Beurteilung der Eignung einer Salbengrundlage als penetrierendes und penetrationsförderndes Mittel verwendet worden. So haben auch CANALS und GIDON die Resorption von Jodalkalien aus Fetten, aus Lanolin und Vaselin nachgewiesen. Lanolin erwies sich als der schlechteste Träger (s. a. FAUCONNET). SCHMIDTMANN und HÜHNE zeigten, daß das Jod in Salbenform die oberflächlichen Schichten der Haut durchdringt und in den tieferen — oft sogar noch in den Muskelfasern — nachgewiesen werden kann, am deutlichsten im subcutanen Bindegewebe. KÖHLER und JÜRGENS verwendeten Joddermasan bei Schweinen und wiesen seine Permeabilität nach. A. STURM und H. SCHULZE untersuchten die Jodresorption an 27 männlichen Patienten nach Einreibung bzw. Bepinselung der Brusthaut mit dem in verschiedene Vehikel und in verschiedener Form aufgetragenen Elemente (Jodthion, Jodtinktur, Jodkaliumsalbe und Jodexsalbe und -öl, Eujodan). Das Jod .wurde mit Hilfe der FELLENBERGschen Mikromethode im Blute, im Urin sowie gelegentlich auch im Stuhl und im Schweiß nachgewiesen. Sie fanden nach einmaliger cutaner Jodthionapplikation (mit 0,08—0,4 g Jodgehalt) normalerweise im Urin 11,6% der verabreichten Jodmenge wieder. Wesentlich geringer war die Ausscheidung bei Applikation von Jodtinktur, Jodkaliumsalbe und Jodexöl und -salbe und Eujodan. Das Maximum der Jodausscheidung fiel auf die 4. bis 6. Stunde. Durch Stuhl und Schweiß wurde nahezu nichts eliminiert, so daß diese Ausscheidungswege für die Jodfrage nicht in Betracht fallen.

Im Jahre 1906 hat K. BARTENBACH die Resorption von Jodkali aus verschiedenen Salbengrundlagen untersucht. In Schweinefett war es für Pferd-, Hund-, Schaf- und Kaninchenhaut durchgängig. Aus einer Paraffinsalbengrundlage und aus Lanolin wurde es entschieden schlechter resorbiert. Im Urin erschien es meist in etwa 2 Stunden. BLISS konstatierte ebenfalls seine Aufnahmefähigkeit aus Schweineschmalz, Wollfett und Glycerin. Immerhin gibt er an 2—4 Stunden nach der Einreibung nur Spuren im Urin gefunden zu haben, die etwa 4—5 Stunden lang nachzuweisen waren, was wohl auf einem Versuchsfehler beruht. Nur wenige Autoren haben sich die Mühe genommen, vor dem Jodnachweis im Urin die organische Substanz gründlich zu zerstören.

Von klinischem Interesse sind die Mitteilungen von SCHULZE-RHONHOF sowie von OKAMOTO, nach denen während der Menstruation eine Verzögerung der Jodaufnahme durch die Haut eintritt. SCHULZE fand dasselbe auch bei schwangeren Frauen, OKAMOTO dagegen nicht, wohl aber bei Krebs und hochgradigen Ermüdungszuständen. Wahrscheinlich sind nervöse und innersekretorische Einflüsse auf die Blutfülle der Haut die Ursache dieses Verhaltens. Beide Autoren stützen sich auf ein großes klinisches Material.

Farbstoffe.

H. JAMADO und A. JODLBAUER beschäftigen sich mit dem Resorptionsvermögen der Haut für Anilinfarbstoffe, und zwar mit oder ohne Anwendung des elektrischen Stromes, und sie stellten fest, daß saure Anilinfarbstoffe, wie z. B. Eosin, trotz ihrer geringen Lipoidlöslichkeit von der Haut des Warm- und Kaltblüters absorbiert werden und sich nachher im Blute, in der Galle und im Harne nachweisen lassen. Die Versuche wurden am Menschen, an Kaninchen, Mäusen und Fröschen vorgenommen. Bei all diesen Tieren waren die Resultate im allgemeinen gleichartige. Doch ließ sich zeigen, daß von der Kaninchen- und Hundehaut aus sowohl saure wie basische (Safranin, Methylenblau) Anilinfarbstoffe nur in geringen Mengen aufgenommen wurden und nur in die oberflächlichen Epithelschichten eindrangen. Durch die Verwendung des elektrischen Stromes wurde die Hautaufnahme beim Kaltblüter nicht nachweisbar vermehrt, wohl aber ließ sie sich beim Warmblüter um das 6fache steigern. Da eine solche Vermehrung der Permeabilität auch beobachtet wurde, wenn der elektrische Strom vor der Applikation der Farbstoffe durch die Haut geleitet worden war, diskutierten die Autoren die Frage, ob die größere Durchgängigkeit eventuell auf eine Veränderung der Cutis und nicht auf ein Hineintreiben der Anionen von der Kathode, der Kationen von der Anode aus zurückzuführen sei. Die postulierte Hautveränderung soll in einer Säurebildung an der Anode und einer Alkalianhäufung an der Kathode beruhen. Auf die beinahe mangelnde Lipoidlöslichkeit der eingedrungenen sauren Anilinfarben wurde ausdrücklich hingewiesen.

Aoki, der mit wässerigen und alkoholischen Lösungen sowie mit Ölemulsionen von wasserlöslichen Farbstoffen arbeitete, konstatierte dagegen, daß sie selbst nach 8stündiger Einwirkung von der normalen Haut des Menschen nicht absorbiert werden, es sei denn, daß man die Cutis durch Drücken und Reiben irgendwie verändert, bzw. schädigt. Fettlösliche Farbstoffe werden dagegen in geeigneten Lösungsmitteln aufgetragen gelegentlich absorbiert.

Der gleiche Autor hat noch eine Anzahl anderer, teils saurer, teils alkalischer, teils wasser-, teils cholesterinlöslicher Stoffe auf ihre Aufnahmefähigkeit an der überlebenden Kaninchenhaut untersucht, aber immer war nur die mit Petrolbenzin oder ähnlichen Stoffen vorbehandelte Haut durchlässig. Da ich auf dieses Gebiet nicht mehr zu sprechen kommen werde, möchte ich nur noch beifügen, daß der gleiche Autor auch eine Anzahl von *Antigenen und Antikörpern* auf ihre Durchgängigkeit durch die Haut untersucht hat, und auch bei diesen Experimenten konstatierte, daß die normale Haut nichts resorbiert, wohl aber die Bit physiologischen Lösungen, mit Seife und namentlich mit Petroleummenzin vorbehandelte.

In Versuchen über die Permeabilität der Haut für *Trypanblau* kam A. Imschenetzky ebenfalls zu eher negativen Ergebnissen. Er experimentierte ausschließlich am Kaninchen, auf dessen Bauchhaut, die mit Äther entfettet worden war, die Farblösung teils verdünnt in Form von Umschlägen, teils in Substanz aufgetragen wurde. Im letzteren Falle fand er eine Anhäufung der Farbe in den oberflächlichsten Hornschichten, das Corium aber war frei davon. Nach 48stündigen Umschlägen mit einer 1proz. Trypanblaulösung traten in der Haut ausgesprochene Erscheinungen einer exsudativ-infiltrierenden Entzündung auf. Die dadurch geschaffenen Veränderungen im Epithel und in den Haarfollikeln dienen offenbar der Farbe als Eintrittspforte in die Gewebslymphe der Cutis. Hier wird sie durch die Histiocyten adsorbiert, in Form von Körnern im Protoplasma gespeichert und in die Lymphknoten transportiert. Aus dieser Arbeit wäre mithin zu schließen, daß das Trypanblau durch Imbibition nur in die oberflächlichsten Schichten einer unveränderten Haut eindringt, und daß eine Permeabilität für diese Farbe nur besteht, wenn die Haut irgendwie verletzt worden war.

TRAUBE hat Carmin in alkoholischer, leicht angesäuerter Lösung, sowie Jodtinktur und Jodkalium in wässeriger Lösung auf die Haut des Hundes einwirken lassen, auf die des Menschen nur die Jodtinktur. Bei Verwendung von *Carmin* (am Hunde) fand er an excidierten Hautstücken nur die oberen Hornschichten bis zum Stratum pellucidum carminhaltig, und zwar recht ungleichmäßig. Im Haartrichter war nur eine oberflächliche Färbung zu sehen, und nur in einem einzigen von recht vielen Präparaten erwies sich das Stratum granulosum diffus gefärbt und auch das Rete, aber schwächer. Da das nur einmal bemerkt wurde, schien die Annahme, die Haut sei verletzt gewesen, naheliegend. *Ferrocyankalium* färbte nur die Haare, nicht aber die in der Haartasche gelegenen Teile. Die Haarscheide erwies sich als intensiv blau gefärbt (mit der Eisenchloridreaktion). Wahrscheinlich hatte nur eine Imbibition zwischen den Epithelschuppen stattgefunden. Der Körper konnte bis zum Stratum granulosum vordringen, weiter nicht. Die Jodtinktur wurde auf die Brustwarze aufgetragen, die aber, wie ich hier ausdrücklich betonen muß, ein zarteres Gebilde darstellt als die gewöhnliche Haut. Die Hornschicht wurde diffus gefärbt, auch die noch kernhaltigen, tiefer gelegenen Zellen. Das Rete war farblos mit Ausnahme der Epithelzapfen. Die Lymphschlingen wie auch die der Oberfläche parallelen Lymphgefäße des Coriums erwiesen sich als schön gelb gefärbt. Diese Versuche wurden sowohl an der Haut des Hundes, wie auch an der des Menschen vorgenommen. Die Resultate waren ungefähr dieselben. TRAUBE glaubt, daß sich das Jod mit dem Keratin verbinde. Auch die Haare nehmen es leicht auf, färben sich dabei rotbraun und halten es lange zurück.

Andere Medikamente und Gifte.

Von Arbeiten über die Hautpermeabilität anderer Medikamente und Gifte erwähne ich die von F. ZERNIK über die Resorption des *gelben Phosphors*, der, auf die Haut von Meerschweinchen aufgetragen, tödliche Vergiftungen erzeugte. Der Phosphor war in Schwefelkohlenstoff und Tetrachlorkohlenstoff gelöst worden, und er ließ sich nach 5 Tagen in der Haut nachweisen. Zu bemerken ist hier allerdings, daß die Haut durch den Phosphor lokal stark geschädigt wird, wodurch seinem Eindringen Tür und Tor geöffnet wird. Nach G. VOGEL geht der *Arsenik* ohne Schwierigkeiten in wässeriger Lösung durch die intakte Haut des Warmblüters (Kaninchen, Mensch). Unter den Alkaloiden werden nach P. MANGANARO *Nicotinbase*, *Nicotintartrat* und *Nicotin* im Tabakextrakt von der Bauchhaut des Kaninchens und des Hundes leicht resorbiert, und es stellen sich dann alle Phasen der Nicotinvergiftung bis zum letalen Ausgang ein. Tabakextrakt war sehr wirksam, aber doch weniger als die reine Base. P. PULEWKA und H. GREVENER berichten über die resorptive Wirkung von *Aconitinsalben*. Die stattgehabte Penetration der Haut wurde nach dem Einfluß des Alkaloides auf den Respirationsmechanismus der Maus beurteilt. Auch HILDEBRAND verwendet das Aconitin in Salbenform, wie das früher allgemein üblich war. Ich erinnere hier an das Geschichtchen von dem Blaubarte, der seine vielen Frauen, eine nach der anderen, durch Einsalben der Handflächen mit Aconitsalben umgebracht haben soll. Wichtiger als dieses recht unwahrscheinliche Geschichtchen scheint mir der Hinweis auf den allgemein verbreiteten Usus, bei schmerzhaften Periostitiden der Zähne das Zahnfleisch mit Tinct. jodi und Tinct. aconiti an zu bestreichen. Der eine Vorteil dieser Mischung ist in der Verdünnung der Jodtinktur auf die Hälfte zu suchen, für mich ist aber kein Zweifel, daß auch die schmerzlindernde Aconitwirkung zu der Beliebtheit dieser Tinktur wesentlich beiträgt. Die resorbierende Fläche ist hier aber eine Schleimhaut.

L. KAHLENBERG behauptet, daß *Borsäure* von der Fußhaut aus rasch zur Resorption gebracht werde und schon nach 5 min im Urin nachzuweisen sei. MONCORPS, SCHMID und THOLEY fanden die Haut für *Teerbestandteile* durchgängig. Die Gesamtphenolfraktion im Urin nahm zu. Besonders stark resorptionsfähig war Oleum rusci, ebenso Balnezid, ein wasserlösliches, saures Buchenholzderivat und Oleum lithantracis. Auch Guajakol passierte zu 3—6% die Haut (aus Eucerin leichter als aus Monoglykolstereat).

M. TANNENBAUM will durch Einreiben von *Campher*, *Terpentinöl*, *Borneol* und *Menthol* bei hungernden Kaninchen eine deutliche Blutzuckerwirkung gefunden haben (?); E. GROSS und A. GROSSE konstatierten am Kaninchenohr eine Resorption von in Olivenöl gelöstem *Orthotrikresylphosphat* und L. LEWIN eine von *Phenylhydroxylamin* von der Bauchhaut des Kaninchens aus. K. MIYAZAKI, der verschiedene Substanzen teils in wässeriger, teils in alkoholischer oder öliger Lösung auf die Kaninchenhaut einwirken ließ und die Stoffe dann im Blut oder im Harn nachzuweisen suchte, teils sogar histochemisch in der Haut, behauptet, daß *Atropin*, *Pilocarpin*, *Chinin*, *Strychnin*, *Cocain*,

Adrenalin, *Campher*, *Chrysarobin*, *Pyrogallol*, *Phenol*, *Antipyrin*, *Phloridzin*, *Copaivabalsam*, *Nelkenöl*, *Origanumöl*, *Eisenchlorid*, *Bleiacetate*. *Neochromisol*, *Bismutlactat*, *Casbis*, *Kolloidschwefel*, *Jodkalium* und *Salicylsäure* die Haut passieren. Dazu ist nun freilich zu sagen, daß es sich bei den meisten dieser Substanzen nur um eine Aufnahme von Spuren oder bestenfalls von Mengen handelt, die zu gering sind, um irgendeine in Betracht fallende pharmakologische Wirkung auszuüben, so daß eine solche percutane Therapie nur für Homöopathen eventuell in Frage kommen könnte. FLURY mag recht haben, wenn er betont, es gehe schließlich wohl eine jede Substanz in Spuren durch die Haut. Das kann an sich theoretisch interessant sein, bleibt aber praktisch ohne Bedeutung, und da eine jede richtig gedachte Pharmakologie letzten Endes therapeutische Ziele hat, scheinen mir die Feststellungen MIJAZAKIS, auch wenn sie alle zu Recht bestehen sollten, beinahe wertlos.

Eine Frage für sich, die ich aber nicht eingehend behandeln möchte, bildet die nach der Ausscheidung von *körperfremden* Substanzen, namentlich von *Medikamenten* und *Giften* durch die Haut. Ich hebe hier nur hervor, daß TALBERG eine reichliche Ausscheidung von *Schwefel* konstatiert hat, und daß H. TACHAU eine allerdings geringfügige Elimination für *Jod*, *Brom*, *Borsäure*, *Phenol*, *Salicylsäure*, *Salol*, *Antipyrin*, *Methylenblau im Schweiß*, den er durch Bestrahlung mit elektrischem Licht hervorgerufen hatte, angibt. Auch von *Quecksilber*, *Eosin*, *Benzoesäure* und *Alkohol* wurde dasselbe behauptet. In Borken, die bei Brombehandlung entstanden waren, konnte Verfasser *Brom* mit Sicherheit nachweisen. MÜLLER fand *Aceton* nicht nur in der Atemluft, sondern auch in den Hautausdünstungen des Menschen.

Salbengrundlagen.

Über die Bedeutung der Salbengrundlagen für die Aufnahme von Medikamenten durch die Haut hat zuerst HEFFTER durch seinen Mitarbeiter FAUCONNET arbeiten lassen. Er beurteilte die Zweckmäßigkeit der verwendeten Salben an Hand der aus ihnen aufgenommenen Jodmengen, die sich an den Ausscheidungen durch den Urin einigermaßen beurteilen ließen. Die an Schleimhäuten vorgenommenen Versuche sollen hier nicht besprochen werden. Nach FAUCONNETS Versuchen wird das Jodkalium aus Naphthalan,Naphalan, Ungt. refrigerans, Glycerin, Cereum, Ceratum cetacei, Vaselin, Vasogen und Adeps suillus von der Haut aus aufgenommen, nicht aber aus Lanolin und Adeps lanae. Ungt. paraffini, Ungt. glycerini und Ungt. cereum erwiesen sich als relativ schlechte Salbengrundlagen für die Resorption. Das Jodkali wurde durch die Salben vor der Resorption gespalten und kam dann als freies Jod zur Resorption. Krankhaft veränderte Haut (Psoriasis, Ekzem, Ulcus cruris usw.) nahm mehr Jod auf, ebenso auch Natr. salicylicum.

Von Bedeutung sind dann auf diesem Gebiete namentlich die Untersuchungen von MONCORPS geworden. Er und seine Mitarbeiter gingen zunächst von der Resorption der Salicylsäure aus verschiedenen Salbengrundlagen aus. Er konstatierte vorerst, daß Salicylsäure in wässerigen Lösungen keine Keratolyse hervorrufen kann und kaum resorbiert wird. Er verwendete sie alsdann in Salbeninkorporationen von Adeps suill. benz. Pasta zinci, Physiol A, B und C, Vaselin, Lanolin c. aqua 20%, Eucerin c. aq. 50% (Physiol besteht aus Polyosin mit verschieden starkem Zusatz von nicht ranzendem Fett, daher Physiol A, B und C). Eine Salicylsalbe muß mindestens 5% sein, um resorbiert zu werden. Für den Salicylsäurenachweis im Urin sollten etwa 25% Salben verwendet werden.

Die Resorptionsgröße war in der folgenden Reihenfolge gestaffelt: Vaselin, Lanolin c. aq. 20%, Adeps suill. benz. Pasta zinci, Physiol C, Eucerin c. aqua. Bei Verwendung von elementarem Schwefel war die Staffelung: Pasta zinci, Physiol C, Eucerin c. aq., Lanolin c. aq. 25%, Vaselin, Adeps suill. benz.

Ähnliche, wenn auch weniger genaue Resultate erhielten BROWN und SCOTT, welche Salicylpräparate in Vaselin, Lanolin, Schweinefett und Paraffinöl gaben. MACHT behauptet dagegen, daß feste Öle und Fette schlechte Träger für Arzneien seien, daß aber aromatische Öle die unverletzte Haut rasch durchdringen und daher bei der Herstellung solcher Salben mitverwendet werden müßten. Salben aus Vaselin, Wollfett, Schweinefett, Oliven-, Lein- und Baumwollsamenöl seien für Salben, aus denen Stoffe resorbiert werden sollen, wenig geeignet.

Über die Physiole wurden von RAUSCH und von HODARAS histochemische Untersuchungen angestellt, aus denen hervorging, daß es bei ihrer Verwendung zu einer Retecytolyse durch Kolliquation kommt. Das Stratum corneum wird von Quellungsstraßen durchzogen. Das Rete wird aber nicht zerstört. Eine Keratolyse soll erst dann erfolgen, wenn das Wasser nicht sofort abdunsten kann. Insofern soll eine Wasser-Ölsalbe am besten sein.

RODKINSON hat an der Berner Dermatologischen Klinik die Resorption von Salben untersucht (nicht die Resorption von anderen Stoffen aus Salbengrundlagen, sondern die der letzeren selbst).

Die Salben wurden in abgewogener Menge aufgetragen und an der betreffenden Stelle bedeckt, dann blieben sie längere Zeit liegen, wurden nachher vorsichtig weggenommen und wieder gewogen. Untersucht wurden Vaselin alb., Adeps suillus, Vaselin alb. + Ungt. cetylicum, Astra-Fett, Adeps suillus + Ungt. cetylic., Ungt. cetylicum. Die Gewichte änderten sich im allgemeinen wenig. Die Resultate widersprachen sich, so daß keine sicheren Schlüsse gezogen werden durften.

Vielleicht läßt sich immerhin sagen, daß die meisten Salbengrundlagen, aber in sehr verschiedener Intensität, die Resorption vieler Medicamente erleichtern, aber dabei selber nur in geringen Mengen aufgenommen werden. Offenbar dringen sie nicht wesentlich in die Haut ein, bilden aber ein gutes Vehikel, um die in ihnen enthaltenen Stoffe in die Poren der Haut hineinzuschaffen. Die Ansichten MACHTS, daß aromatische Öle eine bessere Resorptionsgrundlage für Medikamente bilden als die eigentlichen Fette, sind mit den meisten anderen Befunden und den klinischen Erfahrungen unvereinbar.

Nach MONCORPS hängt nicht nur die Kühlwirkung, sondern auch die Aufnahmefähigkeit eines Medikamentes aus einer Salbengrundlage von der Emulsionsform der letzteren ab. Es leuchtet ohne weiteres ein, daß ihr Wassergehalt bei wasserlöslichen Medikamenten von Bedeutung ist, und der Emulsionscharakter eine feinere Verteilung auf der resorbierenden Oberfläche schafft. Mit Bezug auf die genaueren Angaben wird auf die Originalarbeit verwiesen. Die Neubearbeitung des Salbenproblems dürfte von Wichtigkeit sein. Besonders einleuchtend wirken hier die Angaben MONCORPS, daß Salicylsäure in dem Emulsionsfett Physiol bedeutend stärker keratolytisch wirkt als in anderen Salbengrundlagen. MONCORPS hat auch Schwefel in verschiedenen Salben zur Verwendung gebracht und u. a. eine Schwefelresorption aus diesen Grundlagen durch Feststellung einer Erhöhung des Gesamtschwefels im Serum nachgewiesen, auf die ich schon aufmerksam gemacht habe. Die beste Resorption geschah aus Adeps suillus, dann aus Vaselin flav. Eucerin und Physiol. Auch aus Lanolin c. aqua erfolgte eine Aufnahme. Der Schwefel wurde vor der Resorption zu H_2S reduziert. Am überzeugendsten wirken die Salicylsäureversuche von MONCORPS, da bei der Resorption keine Umwandlung statthat, wie bei Jodkali oder Schwefelsalben.

Übrigens verlegte auch STRAUCH, der die Aufnahme und Abgabe von Wasser oder Medikamenten aus Salbengrundlagen untersuchte, das Hauptgewicht auf den Emulsionscharakter der Salben.

H. MÜHLEMANN, der die Emulsionssalben gründlich untersucht und bewiesen hat, daß namentlich die ungesättigten Monoglyceride gute Emulgatoren sind, hat mit Hilfe meiner Apparatur ebenfalls Versuche über die Resorbierbarkeit von Jodkalium aus verschiedenen Salbengrundlagen angestellt. Im Gegensatze zu FAUCONNET fand er Vaselin und Ungt. cetylicum wenig zweckmäßig. Seine Resultate sind aber mit Bezug auf die Aufnahmefähigkeit der gesunden Haut für Jodkalium aus verschiedenen Salbengrundlagen nicht eindeutig, und mit Bezug auf die kranke Haut bemerkt er nur, daß sie aus einer bestimmten Grundlage dann viel resorbiere, wenn auch die gesunde aus ihr viel aufnehme.

Ich kann mich des Eindruckes nicht erwehren, daß auf diesem Gebiete noch fast alles unabgeklärt erscheint. Mit Bezug auf die geringe

Resorbierbarkeit aus Lanolin darf wohl auf die Tatsache hingewiesen werden, daß dieser Körper schlecht auf der Haut und auf Schleimhäuten haftet. Dem Emulsionscharakter neuerer Salben mag eine gewisse Bedeutung zukommen, alle weiteren Angaben dürfen aber mit Recht als widerspruchreich bezeichnet werden.

Nährungsmittel.

Es hat auch an Versuchen, Nährstoffe durch die Haut hindurch zur Resorption zu bringen, nicht gefehlt. Diesbezügliche Arbeiten an Wassertieren, wie sie G. Chorntoire ausgeführt hat (an Karpfen und Schleien, deren abgelöste Haut Zucker und Pepton resorbierte), scheinen mir für die Zwecke dieser Abhandlung wertlos, und die Angaben von K. Steyskal, aus denen hervorzugehen schien, daß Dinutron die Haut des Menschen passiert, wurden von Bauke und Winternitz erst angezweifelt und dann widerlegt. Auch an die Aufnahme von *tierischen, pflanzlichen*, ja sogar *mineralischen Fetten* wurde gedacht und v. Sobieranski hat sogar eine längere, aber wenig überzeugende Untersuchungsreihe über die Resorption von Vaselin veröffentlicht. Daß kleinste Mengen von eigentlichen Fetten eindringen können, möchte ich eigentlich annehmen. Die Hilfe, welche sie als Salbengrundlagen für die Aufnahme verschiedener Substanzen darstellen — zu genaueren Versuchen wurden vornehmlich Jod, Salicylsäure und Schwefel verwendet — spricht schon für ihre eigene Durchgängigkeit. Doch spielt sie quantitativ keine Rolle, und Lanars Ergebnisse, nach denen sich bei Kaninchen, die mit Öl übergossen worden waren, die sämtlichen Organe als mit dem Fett angefüllt erwiesen, sind unglaubwürdig.

Eiweiße und ihnen nahestehende Polypeptide dürften ihrer hochmolekularen Beschaffenheit wegen von der Haut refüsiert werden, und wenn Aoki eine Aufnahme von *Antigenen* und *Antikörpern* durch die unverletzte Haut wirklich mit Recht leugnet, wäre diese Unfähigkeit zu penetrieren wohl auch auf ihre Eiweißstruktur zurückzuführen.

Hormone und Vitamine.

Das Wandern von Vitaminen und Hormonen durch die Haut wurde oft untersucht. A priori wäre wohl anzunehmen, daß die Haut vornehmlich für die lipoidlöslichen, aber wahrscheinlich nicht für die eiweißartigen Stoffe unter ihnen permeabel ist. So behauptete Moore Lamar und Beck, daß die meisten *männlichen* und *weiblichen Sexualhormone* die Haut durchdringen. Durch cutane Anwendung der männlichen Hormone konnten sie die durch Kastration erzeugten Ausfallserscheinungen beseitigen, und bei nicht kastrierten Ratten und Meerschweinchen Vergrößerung der Samenblasen und Ejakulationen hervorrufen.

Östrogene Stoffe sollen den Brunstcyclus auch von der Haut aus auslösen und die Milchsekretion anregen. GORDONOFF konnte schon mehrere Jahre früher auf meinem Institute bei der Maus und der Ratte typische *Follikulinwirkungen* von der Haut aus nachweisen. Über diese Versuche habe ich 1935 in Brüssel berichtet. Auch am Menschen will man bei Verwendung von follikulinhaltigen Salben ähnliches beobachtet haben. Die cutane Resorption von Sexualhormonen steht jetzt fest und wird viel verwendet.

Eine große Zahl von Arbeiten beschäftigen sich mit der Resorption des *Insulins* von der Haut aus. Kritisch ist zu den meisten dieser Arbeiten zu sagen, daß der Nachweis im Inneren des Körpers nur auf Grund des hypoglykämischen Effektes des Insulins möglich ist. Die Untersuchungen meines Institutes (siehe die Arbeit von HAFFTER) haben mir nun gezeigt, wie leicht hierbei Täuschungen möglich sind. Bindet man z. B. ein Kaninchen auf, um ihm auf die geschorene Bauchhaut die Insulinsalbe aufzutragen, so gerät das Tier jedesmal in eine starke Erregung, und der Blutzuckergehalt nimmt infolge der Sympathicusreizung zu. Selbstverständlicherweise nimmt er nachher dann ab, und man kann das gar zu leicht als hypoglykämische Insulinwirkung deuten. Eine ganze Reihe von Autoren behaupten, die, wie wir später ausführen werden, a priori sehr unwahrscheinliche Permeabilität der Haut für Insulin gefunden zu haben, so TELFER, der angibt, daß er nur bei Verwendung sehr großer Dosen (1 g beim Kaninchen) Erfolg hatte und schließlich WILKOEWITZ und LENUWEIT, die nach Einreiben von 5 klinischen Einheiten Insulin in die kurz geschorene und mit Petroläther gewaschene Haut eines Hungerkaninchens den Blutzucker in $1^1/_2$ Stunden von 90 auf 30, ja auf 14 mg% sinken und Krämpfe auftreten sahen. Cholesterinzusatz zu der Salbe hemmte die Insulinwirkung.

So behaupten auch SIEGWART und KASSOWITZ mit Insulin percutan einen hypoglykämischen Effekt erzielt zu haben. Sie betonen dabei, daß dieses Hormon nur von der lebendigen Haut aufgenommen werde, und daß Unterschiede in der Reaktion der Haut von carnivoren und herbivoren Tieren bestünden, die bei solchen Versuchen berücksichtigt werden müßten. Die Hautoberfläche der Pflanzenfresser reagiere neutral oder alkalisch, die der Fleischfresser sauer, und die Säure verhindere eine gute Resorption des Hormones. Dementsprechend müsse man die Haut carnivorer Tiere, wenn man von ihr aus eine Insulinwirkung haben wolle, zunächst alkalisieren oder doch zum mindesten neutralisieren. Außerdem müsse die Haut, da das Cholesterin einen hemmenden Körper für die Insulinaufnahme darstelle, vor dem Versuch entfettet werden. Sie geben dann an, das in die Haut des Hundeoberschenkels eingeriebene Insulin in aus ihm excidierten kleinen Stückchen wiedergefunden zu haben, und zwar vor allem in den obersten Schichten, weniger in der Lederhaut und am wenigsten in der Unterhaut.

Ich erwähne ferner noch MAJOR, der ebenfalls eine Aufnahme von Insulin durch die Haut festgestellt haben will. Er gab es aber vornehmlich mit Glykolverbindungen, die seine Aufnahme fördern sollen, so mit Pinacol, und Diäthylglykolmonomethyläther. Im Gegensatze zu ihm und den anderen schon genannten Autoren betonen BRUGER und FLEXNER, daß das Insulin nur durch die mit der Schere oder dem Rasiermesser verletzte Haut hindurchgehe, und SOLLMANN und PILCHER, die sich dieser Auffassung offenbar anschließen, behandelten die Haut mit den steifen Blätterhaaren von Mucuma pririens, was sie für wirksamer halten als die Scarification (s. a. ABREU und EMERSON). Im Gegensatze zu MAJOR fanden sie, daß in Diäthylglykolmonomethyläther gelöstes Insulin die Haut nicht passiere. HAFFTER, der auf meinem Institute arbeitete, konnte in sehr sorgfältig durchgeführten Versuchen an Kaninchen, die als herbivore Tiere eine Neutralisierung der Haut nicht nötig machten, nicht die geringste percutane Resorption des Insulins konstatieren. Er hat diese Experimente teils auch unter Zuhilfenahme von Fichtennadelextrakten angestellt. Die Tiere erhielten 24 Stunden lang keine Nahrung, um einen konstanten Blutzuckergehalt zu erzielen. Das Insulin wurde in einer frisch zubereiteten Salbe mit einem Gehalt von 20 bzw. 40 Einheiten auf die Haut aufgetragen, nachdem die Bauchhaut des Tieres in einer Fläche von 80—100 qcm geschoren und mit 1 ccm Fichtennadelextrakt eingerieben war. In den ersten Versuchsreihen fiel auf, daß die Blutzuckerwerte sogleich nach dem Auflegen der Salbe stark in die Höhe gingen. Das geschah aber auch ohne Applikation der Salbe und war einzig und allein auf die Aufregung der Tiere zurückzuführen. Die Kaninchen wurden dann auf dem Rücken geschoren, die Salbe dort eingerieben und mit Wachspapier bedeckt. Bei diesen Tieren, bei denen jede Aufregung vermieden werden konnte, wurde dann zunächst alle 30, dann alle 60 Minuten der Blutzucker doppelt bestimmt. Das Insulin wurde zum Teil auch in flüssiger Form aufgetragen.

Die Resultate waren die folgenden:

Kaninchen Nr. 1. 24 Stunden gehungert. Gewicht 3,9 kg.

	Blutzucker der 2 Proben in mg% A	B
1. Vor dem Versuch	94	97
Aufstreichen von 1 ccm F.E. mit 20 E. Insulin in Salbe		
2. Direkt nachher	95	94
3. Nach 1 Stunde	93	94
4. „ 2 Stunden	95	95
5. „ 4 „	94	93
6. „ 5 „	96	94

Kaninchen Nr. 2. 24 Stunden gehungert. Gewicht 2,6 kg.

	Blutzucker der 2 Proben in mg% A	B
1. Vor dem Versuch	73	74
Aufstreichen von 40 E. Insulin in Salbe		
2. Direkt nachher	73	75
3. Nach 1 Stunde	74	74
4. „ 2 Stunden	76	74
5. „ $4^1/_2$ „	75	73
6. „ $5^1/_2$ „	74	77

Aus diesen Versuchen geht hervor, daß das Insulin die normale Haut nicht penetriert, möge es nun für sich allein oder mit Fichtennadelextrakt aufgetragen worden sein. Es ist auch höchst unwahrscheinlich, daß dieses Proteohormon imstande ist, die Haut zu penetrieren. Wenn es auch ein für einen Eiweißkörper relativ niedriges Molekulargewicht besitzt, so ist es eben doch ein Eiweiß und hat dementsprechend eine Molekulargröße, die ihm ein Permeieren durch die Haut kaum gestattet. Ich schließe mich also der Kritik von BRUGER und PILCHER, sowie von BRUGER und FLEXNER restlos an.

Unter den Vitaminen interessierte vor allem das Vitamin D mit Bezug auf seine Durchgängigkeit durch die Haut. Da es sich bei all den wirksamen Vitaminen D, die in den Arbeiten nicht immer auseinander gehalten werden, um Sterine handelt, wäre eine Permeierung durch die Haut a priori als möglich anzusehen. Sie wird denn auch von der Großzahl der Autoren angenommen. F. AMRHEIN arbeitete an rachitischen Ratten, denen er die ölige Vitaminlösung in die Haut des Schwanzes einrieb und den letzteren dann in einem dünnen Glasrohr befestigte, so daß die Tiere die Flüssigkeit nicht ablecken konnten. Das Vitamin gelangte auf diese Weise, in vegetabilen oder mineralischen Ölen gelöst, in den Organismus und zur Wirkung. Ähnliche Ergebnisse publizierten PH. OSTROWE und R. A. MORGEN. Auch sie lösten die verschiedenen wirksamen D-Vitamine in Öl und kontrollierten die an Ratten gewonnenen Resultate durch Röntgenstrahlen. Interessant ist ihre Angabe, daß selbst hohe Dosen niemals eine Hypervitaminose hervorrufen. N. HENNE, LUCAS und HENDERSON SMITH verwendeten als erste für ihre an Ratten und Kaninchen vorgenommenen Versuche bestrahltes Cholesterin (D_3) und ließen es mit Erfolg von der Haut aus wirken. Eingehende Untersuchungen nahm VON MALLINCKRODT-HAUPT vor. Er verweist auf die Arbeiten von HENNE, LUCAS und HENDERSON SMITH, sowie auf die von AMRHEIN und die Beobachtungen GORDONOFFS und ZURUKZOGLUS, die bei Einreibung enormer Cholesterinmengen in die Kaninchenhaut typische Vitamin D-Schädigungen erzeugt hatten. (MONCORPS, DROLLER und CARTER untersuchten hierauf dasselbe an einem großen Tiermaterial.) v. MALLINCKRODT bestrahlte die verwendeten Salben (Adeps lanae anhydricum in dem durch ultraviolettes Licht aus Dehydrocholesterin D_3 entstehe) vor der Applikation und das war richtig, da die Bestrahlung der Haut an und für sich Vitamin D bilden kann. Auch er erzielte percutan eine ausgesprochene antirachitische Wirkung, ohne jemals eine Hypervitaminose zu provozieren. Von Vigantol werden vom Darme aus ungleich größere Mengen aufgenommen, was die verschiedene Schädlichkeit der peroralen und percutanen Applikation ausreichend erklärt. Das Auflegen von D_3 in öliger Lösung auf die Haut genügt aber für die Bekämpfung der Rachitis. Unbestrahltes Ergosterin wird ebenfalls von der Haut aufgenommen.

MEMMESHEIMER konnte sich im Gegensatz zu den genannten Autoren bei sehr genauen Untersuchungen von der Resorption des Vitamin D nicht überzeugen.

Nach REGLSBERGER bewirken ultraviolette Strahlen eine Erhöhung der Hautpermeabilität, und GANS und KELLER konstatierten eine Herabsetzung der Polarisation durch Lichtwirkung, die von dem letzteren auf Membranschädigungen zurückgeführt wird. Auch aus diesen Angaben ergab sich die Zweckmäßigkeit einer Bestrahlung der Salben *vor* ihrer Anwendung.

Nach A. HELMER und C. JANSEN hat PRICE als erster den Nachweis geliefert, daß Vitamin D durch die Haut geht. Die beiden Autoren untersuchten nun, mit welcher Geschwindigkeit die Resorption erfolgt. Das Vitamin wurde in einer Seifenlösung nahe am Nacken auf die enthaarte Rattenhaut gebracht, stark eingerieben und nach 30—300 Sekunden entfernt. Die Applikation geschah täglich 2mal. Bei Anwendung von 3 U.S.P.-Einheiten genügte schon ein Kontakt von 60 Sekunden, um die Rachitis in einem hohen Prozentsatz der Fälle zu bessern oder zu heilen. Ließ man eine Salbe von 4 Einheiten 300 Sekunden lang einwirken, so erzielte man in 100% der Fälle Heilung.

Aus all diesen Arbeiten geht die Hautresorption der Vitamine D als gesicherte Tatsache hervor.

KASAHARA wies die Permeabilität der Haut für Vitamin C (C = Ascorbinsäure) als erster nach. Er hat dann mit HAYASHI YOKONOWA und FARUMI dasselbe für *Vitamin* B_1 dargetan. Die genannten Autoren fütterten Tauben mit poliertem Reis bis die typischen Erscheinungen des Aneurinmangels auftraten. Hierauf wurden 0,5 g Betaxinsalbe mit 20 I.E. auf die Brusthaut eingerieben, nachdem die Federn vorher vorsichtig entfernt worden waren. Die Tiere, bei denen die Erscheinungen der Polyneuritis in 18—38 Tagen aufgetreten waren, erholten sich nach der Salbenapplikation rasch. Gegen die Methodik ist freilich einzuwenden, daß das Entfernen der Federn jedenfalls immer die Haut schädigt, und daß das Vitamin dementsprechend durch die entstandenen Öffnungen eingedrungen sein muß.

HAFFTER hat daher auf meinem Institute die Resorption von *Vitamin B_1* (Aneurin) durch die Haut noch einmal untersucht. Er stellte die Ausscheidung von B_1 durch den Urin nach der von KARRER und KUBLI empfohlenen Thiochrommethode fest und fand sie positiv. Aneurin geht bei vorsichtiger Oxydation in Thiochrom über und fluoresciert dann im ultravioletten Licht. Schon Mengen von 1 γ und weniger lassen sich mit dieser Methode nachweisen. HAFFTER versuchte dann noch, mit Hilfe eines Colorimeters eine ungefähre quantitative Bestimmung des ausgeschiedenen Aneurins vorzunehmen. Einigen Kaninchen wurden auf eine geschorene Stelle am Rücken 2 g Salbe mit 10 mg Aneurin aufgestrichen. Die Salbengrundlage war Ol. arachid. hydrogenat. Es wurde peinlich dafür Sorge getragen, daß die Tiere die Salbe nicht verschlucken konnten. Die Ausscheidungen von Aneurin stiegen durch die Applikation von 18 auf 115 bzw. von 15 auf 130, von 9 auf 60 und von 11 auf 140 γ. Die normale Ausscheidung von Vitamin B_1 durch den Urin beträgt beim Kaninchen durchschnittlich 8—15 γ. Die Anwendung der Vitamin B_1-haltigen Salbe vermehrte sie ungefähr um das 10fache, und es konnten im Urin 1—2,5% des aufgetragenen Vitamins wiedergefunden werden. Resorption und Ausscheidung erfolgten relativ rasch, gewöhnlich sah man schon am 1. Tage eine geringe Zunahme, die dann am 2., hier und da aber erst am 3. Tag maximal wurde und nachher wieder ganz absank.

Ob die *Ascorbinsäure* tatsächlich hautpermeabel ist, wie KASAHARA angibt, wäre noch nachzuprüfen. Dagegen scheint mir die Resorption der lipoidlöslichen Vitamine A, E und K_1 und K_2 sowie des Hautfaktors durchaus wahrscheinlich.

Fördernde und hemmende Faktoren.

Für die Permeabilität der Haut spielt unzweifelhaft ihre *Blutfülle* eine ausschlaggebende Rolle. Alles, was sie vermehrt, erhöht auch ihre Aufnahmefähigkeit. Das gilt vor allem für die *Wärme*. Alle Autoren sind hierin einig. Das gilt aber auch für die anderen Reize, welche die Hautzirkulation befördern, so für das Reiben der Haut, für die eigentliche Massage in all ihren Anwendungsformen und für chemische Agentien. Venöse Stauung soll dagegen trotz der vermehrten Blutfülle die Resorption hemmen (ERNSTENE, CARLTON und VOLK). Bei dem Einreiben mag das mechanische Hineinpressen der Substanzen auch eine gewisse Bedeutung haben. Von chemisch wirkenden Stoffen wäre vor allem die *Kohlensäure* zu nennen, die wohl vornehmlich durch Erweiterung der Hautgefäße einen fördernden Einfluß auf die Permeabilität gewinnt. Auch für diese Vermehrung der Hautdurchgängigkeit gibt es viele Angaben, so u. a. die von HOPMANN, der in 23 Experimenten an 9 Personen den Einfluß eines Kohlensäurebades auf die Permeabilität der Haut für Salicylsäure untersuchte. Er ließ seine Patienten teils in einem kohlensäurefreien Bade, dem er 50 g Natr. salicyl. zugesetzt hatte, baden, teils in einem entsprechenden mit Kohlensäurezusatz. In den meisten Fällen fand er die Salicylsäureaufnahme, die an der Ausscheidung durch die Nieren geprüft wurde, in den Kohlensäurebädern vermehrt. Seine Untersuchungen entbehren aber jeder therapeutischen Bedeutung, da die Unterschiede quantitativ zu geringfügig sind. An und für sich könnten sich die erhaltenen Resultate aus dem bekannten, gefäßerweiternden Effekt der Kohlensäure erklären.

MILBRADT betont, daß eine Hautreizung irgendwelcher Art die Permeabilität erhöht, daß es aber eine durch zu starken Reiz hervorgerufene schlagartig einsetzende Undurchlässigkeit auch gebe. Vermehrung der Resorption bewirken: Die Erweiterung der peripheren Lymph- und Blutgefäße, bestimmte Änderungen des Wasser- und Ionengehaltes der Gewebe, Umformung der chemischen und physikalischen Eigenschaften der Zellmembranen und das Verhalten der Hautaktionsströme. Im allgemeinen vermehrt passive oder aktive Hyperämie die Hautpermeabilität. Wärme hat auf sie einen beschleunigenden Einfluß. Von chemisch wirksamen Stoffen wären vor allem die keratolytischen, wie z. B. die *Salicylsäure* und der *Schwefel* zu nennen. Die auch die Permeabilität des Herzmuskels für die Digitalisglykoside erhöhenden *Saponine* bewirken an der äußeren Haut ähnliches. So erhöhen sie ihre Durchgängigkeit für an und für sich permeable Stoffe, wie Adrenalin, Insulin (??), Jod, Salicylsäure, Trypanblau. Man kann das zum Teil an einem rascheren Umschlag von Indicatorenfarben auf Grund des veränderten p_H im Gewebe nachweisen.

KILIAN glaubt aus seinen Versuchen am Kaninchen schließen zu dürfen, daß der *Pistyaner-Schlamm* die Haut leicht entzündet und daß dann infolge stärkerer Durchblutung eine bessere Resorption von Schwefel in Form von Schwefelwasserstoff erfolgt.

Die Wirkung des *Alkohols* wird verschieden beurteilt. Teils gilt er als fördernd (K. HEINZ, sowie EIMER und HEINZ), teils als hemmend (H. J. OETTEL), weil er die oberflächlichen Hautfette entferne und die Haut daher für Lipoide undurchlässiger mache.

Was die *Saponine* betrifft, konnte auch M. ROHBERG ihren beschleunigenden Effekt auf den Durchtritt von Strychninnitrat nachweisen, allerdings an der Froschhaut.

Ohne weiteres verständlich ist die Angabe LANGECKERS, daß die Resorption für Methylenblau, Morphin und Adrenalin durch Natriumglykocholat gesteigert wird. Die Lösungsfähigkeit vieler an sich nicht oder schwer in Wasser löslicher Substanzen durch die Gallensäuren ist dem physiologischen Chemiker genugsam bekannt.

Miyazaki Kensuke untersuchte zunächst die Resorption von Jodkalium und Salicylsäure durch die intakte Kaninchenhaut unter dem Einfluß von Arzneimitteln und Hormonen. Fördernd wirkte das parasympathisch erregende *Cholin*, als hemmend erwiesen sich *Atropin*, *Pilocarpin* und *Ergosterin*. *Histamin* blieb ohne jeden Einfluß. *Puberogen*, *Adrenalin*, *Insulin* und *Thyroicin* hemmten. Per os gegeben wirkten *Natriumcarbonat* sowie das *Kalisalz* fördernd, *Calcium* hemmend. Fördernde Eigenschaften zeigten auch *Theocin*, *Galle* und *Traubenzucker*, hemmende *Urotropin* sowie *Kochsalz*. Am Kaninchenohr konstatierte der gleiche Autor, daß die Resorption von Farbstoffen aus alkalischer Lösung rascher vor sich ging als aus neutraler, aus saurer erwies sie sich ebenfalls als beschleunigt, aber nicht so stark wie aus alkalischer. Die Resorption wurde aus der Elimination der Farbstoffe durch die Niere beurteilt. Säure und Alkali sollen die Haut beeinflussen, aber nicht im Sinne einer Quellung.

McCord und Carey behaupten, daß profuser, alkalisch reagierender Schweiß die Fettschicht der Haut beeinträchtige und die Resorption verschiedener Stoffe dadurch fördere (oder hemme?).

Von innersekretorischen Einflüssen wäre zu erwähnen die der Schilddrüse. Bei Morbus Basedowii ist die Resorption gesteigert, allerdings eventuell auch wegen der für diese Krankheit charakteristischen Dünne der Hornschicht. Bei Myxödem liegen die Verhältnisse umgekehrt. (F. Diehl, s. a. R. M. Bohnstedt.) *Adrenalin* und *Histamin* haben wenig Wirkung, dagegen vielleicht die *Sexualhormone* (Reid, Wertheimer usw. aber lauter Versuche am Frosch). Über die Bedeutung von *Hautkrankheiten*, über die viel gearbeitet worden ist, sei hier nur weniges angeführt. Einfache Entzündung vermehrt die Permeabilität infolge der großen Blutfülle und Temperatur. Sklerodermie und Hautatrophie verzögern sie nach einigen Autoren erheblich, nach anderen weniger, Psoriasis, Ekzem, Erythema multiforme wirken im allgemeinen vermehrend. Daß bei Veränderungen der Haut auch das Gegenteil eintreten kann, haben wir selber konstatiert, als wir bei dem durch Schwefelwasserstoff entstandenen entzündlichen Ödem die Resorption des Gases gehemmt fanden. — Junge Haut ist durchlässiger als die alter Leute (McCord und Carey).

Gans und Schlossmann bewiesen, daß die Permeabilität der menschlichen Haut durch ultraviolette Strahlen gesteigert wird. Sie excidierten bestrahlte und unbestrahlte Hautstückchen, färbten sie mit Neutralrot und setzten Ammoniumhydroxyd zu. *Röntgenstrahlen* haben ihren Versuchen nach den gegenteiligen Effekt (s. a. K. Brunner).

Besonderes therapeutisches Interesse hat die Förderung der Permeabilität durch den *elektrischen Strom* gefunden. Das stärkere Hereinbringen von Stoffen durch dieses Hilfsmittel ist als sog. *Iontophorese* oder *Elektroendosmose* viel im Gebrauch und hat doch niemals eine große Bedeutung erlangen können. Diese Verfahren zu schildern und eingehend zu besprechen, liegt nicht in der Aufgabe, die ich mir gestellt habe, und würde wohl auch zu weit führen. Die Epithelien der Haut erfahren, auch wenn sie lokal mit galvanischen Reizen erregt wurden, eine Steigerung ihrer Permeabilität, die auf einer Abnahme der Polarisierbarkeit der Zellen beruht. Reiben der Haut sowie Stromstöße des Induktionsapparates setzen ebenfalls ihren Widerstand herab. Am sichersten ist die Abnahme des Widerstandes vermittels eines Akkumulatorenstromes bewiesen worden, den man durch Verwendung einer WHEATSTONEschen Brücke kompensiert, so daß ein in der Schaltung befindliches Drehspulengalvanometer in Ruhelage bleibt. Reizt man hierauf in irgendeiner Form die Nerven, so erfolgt am Galvanometer nach einigen Sekunden ein Ausschlag, der so gerichtet ist, als ob der Akkumulatorenstrom eine Zunahme erfahren hätte. Diese nur scheinbare Zunahme bedeutet in Wirklichkeit eine Abnahme der entgegengesetzt gerichteten Polarisation der Haut, und seine Intensität hängt mit der Zahl der in ihr befindlichen Schweißdrüsen zusammen (LEVA, GILDEMEISTER und ELLINGHAUS). Daß man mit der *Elektroendosmose* bzw. *Iontophorese* Stoffe verschiedener Art rascher und konzentrierter durch die Haut bringt, ist genugsam bewiesen (s. u. a. SCHOCH, der z. B. eine genügende Lokalanästhesie auf diese Weise erreichte). Das Verfahren ist aber umständlich und leistet in fast allen Fällen bedeutend weniger als die bequeme subcutane Injektion, die dementsprechend meist vorgezogen wird. Theoretisch darf wohl gesagt werden, daß man mit der Elektroendosmose nur hereinbringt, was ohnehin — aber allerdings eventuell nur in Spuren — durchgegangen wäre.

Theoretisches.

Die über die Permeabilität der menschlichen Haut bestehenden Theorien sind teilweise schon in den einzelnen Kapiteln erwähnt worden. Will man sie generell besprechen, so erheben sich vor allem die Fragen nach der Bedeutung der Wasser- und Lipoidlöslichkeit und der durch die Schweiß- und die Talgdrüsen in die Haut gelegten Öffnungen. Von der bei toten und vor allem bei künstlichen Membranen vorhandenen Porengröße und ihrem Einfluß auf die Durchgängigkeit der Haut zu reden erübrigt sich mit Rücksicht auf die komplizierte Vielschichtigkeit der letzteren. Dementsprechend steht auch die Permeabilität in keinem direkten Verhältnis zu der Molekulargröße der durchtretenden Stoffe, obwohl es selbstverständlich erscheint, daß sie für kleinere Moleküle im allgemeinen leichter zu passieren ist, falls gewisse andere Vorbedingungen vorhanden sind. Zu ihnen sind nun unzweifelhaft die Löslichkeitsverhältnisse zu rechnen. Die Haut ist zunächst von einer mehrfachen Schicht verhornter Epithelzellen bedeckt, die als eingefettet, ja durchgefettet zu betrachten sind. Daß diese Hornschicht quellbar ist, also unter Umständen etwas Wasser aufnehmen kann, dürfte als gesichert gelten, aber ebensosehr, daß die Wasseraufnahme nur eine geringfügige ist. Stoffe, die sich in ihr lösen, könnten daher in die tieferen Schichten gelangen, also in das Corium, das von Blutgefäßen durchsetzt, und daher resorptionsfähig ist. Da aber nur äußerst wenig Wasser von der Hornschicht aufgenommen werden kann, muß eine solche Resorption von Krystalloiden ebenfalls äußerst gering sein. Die Hornschicht ist aber, wie erwähnt, durchfettet und enthält neben eigentlichen Glyceriden auch Lecithin, Cholesterin, Cholesteride und andere Lipoide, durch die lipoidlösliche Stoffe hineingelangen könnten, wasserlösliche dann' allerdings nicht. Es ist wohl hier nötig zu bemerken, daß die Einrichtungen in der Haut daher in allererster Linie gegen und nicht für das Eindringen von Substanzen getroffen sind, und daß man die Möglichkeit einer Permeabilität der Haut namentlich für lipoid- und gleichzeitig etwas wasserlösliche Substanzen annehmen könnte, da die Haut nahezu beständig von einer dünnen, aus dem Schweißsekret gebildeten Wasserschicht bedeckt ist und auch in größerer Tiefe wasserunlösliche Stoffe refüsiert werden.

Wenn man die Tatsache, daß man bei der menschlichen Haut mit einer Oberschicht aus verhornten Zellen zu rechnen hat, ins Auge faßt, werden die auf kolloidchemische Auffassungen gegründeten Permeabilitätstheorien in ihrer Bedeutung, die sie für andere Zellen und Zellmembranen haben, stark beeinträchtigt. Die Mitwirkung von Adsorptionserscheinungen muß man allerdings gelten lassen. Sie stellen aber nur eine Art Einleitung für die Absorption dar, insofern sie einen Stoff in konzentrierter Form an die Hautoberfläche fesseln. Daß dabei auch die Reaktion der Haut eine Rolle spielt, muß ausdrücklich betont werden. Die Oberfläche der menschlichen Cutis ist sauer, dies im Gegensatz zu der Haut verschiedener, namentlich herbivorer Tiere. Die eigentliche Keratinschicht ist allerdings sowohl säure- wie alkalifest. In der Tiefe aber mag sich der bipolare Charakter der Eiweiße geltend machen.

Mit der Haftdrucktheorie von Traube läßt sich mit Bezug auf die Permeabilität der menschlichen Haut nichts anfangen. Die Oberflächenaktivität macht sich überhaupt — ganz allgemein gesagt — immer nur bei starken Konzentrationen, wie sie im Biologischen kaum vorkommen, geltend. Von Bedeutung mögen dagegen recht oft chemische Bindungen sein, die ein Stoff während seines Durchtrittes durch die Haut eingehen kann. Vor allem aber ist daran zu denken, daß die Aufnahme irgendwelcher Substanzen von den Talgdrüsen und wohl auch von den Schweißdrüsen aus viel leichter vor sich gehen kann, als durch die zwischen ihnen liegende Haut, da sie in ihnen nur eine einzige Schicht zu durchdringen haben. Erhöhung der Temperatur und bessere Blutversorgung wirken fördernd auf die Permeabilität. Gase, die im allgemeinen nach den physikalischen Gesetzen der Diffusion durchzudringen scheinen, müssen zweifellos während der Passage auch geeignete Lösungsverhältnisse finden, sonst gehen sie wie z. B. das Kohlenmonoxyd nicht durch (s. auch FLURY, Festschrift ZANGGER).

Hier wären zunächst noch die Arbeiten MENSCHELS über Kolloidchemie und Pharmakologie der menschlichen Haut anzuführen. Sie sind theoretisch interessant, aber vorläufig fast ohne praktische Bedeutung. Sie beschäftigen sich im wesentlichen mit Quellungsverhältnissen im Nagel und in der Epidermis. Was die letztere betrifft, so zeigte er, daß in 2 $^{n}/_{1}$-Essigsäurelösung gebrachte Hautstücke einen typischen Vorgang, die Retecytolyse auslösen, die in einer Quellung und Peptisation im Rete Malpighi besteht. Die Quellwirkung in den Hornalbumosen ist eine ausgesprochene, die Keratinsubstanz quillt nicht. Anorganische und organische Säuren verhalten sich verschieden. Die Salicylsäurewirkung wird als Retecytolyse durch Kolliquation dargestellt. Sie ist chemisch bedingt und hat gute Durchfeuchtung der Haut als Vorbedingung. Die elastischen Eigenschaften der Keratinsubstanz werden durch sie nicht beeinträchtigt. Hippursäure hat keine Schälwirkung, Benzoesäure ruft Blasen hervor, die unter Pigmentation und Narbenbildung heilen. Alkalien dringen mit starker Quellwirkung längs des Rete ein und verursachen eine richtige Keratolyse. Die Hornalbumosen quellen stark und das elastische Gefüge der Epidermis wird zerrissen. Ammoniak wirkt weniger als Kali- und Natronlauge. Destilliertes Wasser bringt die Hornalbumosen zur Quellung. Demnach wäre doch eine Wasseraufnahme durch die Haut anzunehmen. Alkohol, Formalin und Gerbmittel wirken wasserentziehend.

Daß das Quecksilber zunächst von FÜRBRINGER, dann auch von anderen wie z. B. von FRÄNKEL in den Talgdrüsen und den obersten Hautschichten gefunden wurde, ist schon erwähnt worden. MONCORPS fand es nach 12stündiger Applikation in Form von metallisch glänzenden oder schwarz erscheinenden Kügelchen in den Haarbälgen, in der Tiefe nahm ihre Zahl ab, im Drüsenfundus waren sie nicht zu finden. Auf die TRAUBEschen Versuche mit Farbstoffen und ihren Nachweis in der Haut bis ins Corium wurde auch schon früher eingegangen. Das Eindringen selbst von solchen Stoffen ist mithin als erwiesen zu betrachten. FILEHNE hat vor langer Zeit Untersuchungen von mit Cholesterinfett oder mit Lanolin durchtränkten Membranen vorgenommen, und fand ihre Durchlässigkeit um so größer, je kleiner das Molekulargewicht der permeierenden Substanz war. Aber mit einem so einfachen Modell gefundene Resultate sind für die bei der menschlichen Haut vorliegenden Verhältnisse nicht maßgebend. So bleibt es denn im großen und ganzen bei den Theorien, die wir am Anfang dieses Kapitels besprochen haben, und die später angeführten Beobachtungen von Menschel, Fürbringer, Moncoprs und Traube geben uns nur einige greifbare Beispiele für das Eindringen von Substanzen in die Haut. Nochmals sei hervorgehoben, daß, wie Flury das meint, vielleicht fast alle Stoffe von ihr aus resorbierbar sind — aber die meisten nur in kaum nachweisbaren Spuren.

Auf diese minutiöse Permeabilität kommt es aber nicht an, sie ist höchstens einmal von theoretischem Interesse, und nur die Stoffe fallen für uns in Betracht, die infolge ihrer leichten Passierfähigkeit pharmakotherapeutische oder toxikologische Bedeutung gewinnen können.

Zusammenfassung.

Wenn wir für eine Schlußbetrachtung die Ergebnisse anderer Autoren mit den eigenen zusammenfassen, so zeigt sich zunächst, daß die menschliche und die Warmblüterhaut ganz andere Gesetze der Permeabilität hat als die des Kaltblüters. Übereinstimmungen sind selten und müssen meist geradezu konstruiert werden. Wasser geht nicht oder kaum durch die menschliche Haut und Salze nur bei Verwendung recht hoher Konzentrationen. Ebenso gibt der Mensch durch die Cutis Wasser und Salze nur im Schweiß ab, also durch die aktive Drüsensekretion und nicht durch Dialyse. Einige Gase gehen dagegen nach den Gesetzen der Diffusion ohne Schwierigkeiten sowohl von außen nach innen als umgekehrt; bewiesen ist das namentlich für das Kohlendioxyd, den Sauerstoff, das Ammoniak, den Schwefelwasserstoff und die Cyanwasserstoffsäure. Kohlenmonoxyd, das weder lipoid- noch wasserlöslich ist, penetriert dagegen nicht. Die Salze üben sowohl auf die Resorption des Kohlendioxyds wie des Schwefelwasserstoffes einen hemmenden Einfluß aus. Die Jodalkalien passieren die Haut ebensowenig wie die körpereigenen Salze. Ob freies Jod durchgeht, steht nicht fest, in Salbenform gegeben penetriert es aber die Haut, und die Jodsalze verhalten sich gleich. Reines Quecksilber ist aufnahmefähig, seine Salze sind es aber nur, wenn sie in Salben aufgetragen werden. Sublimat geht gerade so wenig durch wie andere Salze. Die eigentlich lipoidlöslichen Arzneien und Gifte finden wir vornehmlich in der Gruppe der Narkotica der Fettreihe, zu der, wie ich hier mit aller Entschiedenheit betonen möchte, die Barbitursäurederivate nicht gehören. Für die Narkotica der Fettreihe ist charakteristisch, daß sie sozusagen ausnahmslos durch die

Haut des Warmblüters wandern, am leichtesten die gasförmigen und die bei gewöhnlicher Temperatur flüchtigen, aber auch die wasserlöslichen. Ebenso ausnahmslos gehen die Barbitursäurederivate nicht durch. Eigentliche Narkosen erhält man mit den Narkotica der Fettreihe aber nur, wenn sie einen hohen Siedepunkt haben oder feste Substanzen sind, die in irgendeinem zweckmäßigen Lösungsmittel auf die Haut gebracht werden. Alkohol, Äther und Chloroform penetrieren zwar die Haut leicht, werden aber so rasch ausgeatmet, daß sie auf diesem Wege keine narkotischen Erscheinungen erzeugen können. Chlorierte — allgemein gesagt halogenisierte — Äthane dagegen, von denen einige als Lösungsmittel in der Industrie viel verwendet werden, gehen leicht durch die Haut, sind sehr toxisch und können bei einem Siedepunkt von mehr als 81° tiefe Narkosen hervorrufen. Andere Lösungsmittel mit ähnlichen physikalisch-chemischen Eigenschaften zeigen dasselbe Verhalten. Die Tiere sterben aber oft an schweren Leber- und Nierenschädigungen, ohne daß eine eigentliche Narkose zustande gekommen wäre. Die bekannten Giftgase permeieren alle. *Ätherische Öle* werden meinen Untersuchungen nach wohl ohne Ausnahme von der Haut leicht aufgenommen. Eine Permeabilität von nennenswerter Größe war dagegen für *Lokalanaesthetica* und für *Alkaloide* selbst bei Verwendung lipoidlöslicher Lösungsmittel nicht zu erreichen. Die sterinartig gebauten *Sexualhormone* gehen durch die Haut, Insulin dagegen nicht. Eine Permeabilität von praktischer Bedeutung ist für die *Vitamine* D_2 und D_3 sowie für B_1 sicher nachgewiesen, für die Tokopherole und K_1 und K_2 sowie für Vitamin A ist sie wahrscheinlich. Aus dieser Zusammenstellung geht hervor, daß die Lipoidlöslichkeit einer Substanz zwar nicht eine absolute Notwendigkeit, aber doch eine hohe Gewähr für ihre Hautpermeabilität darstellt. Salze sind, wie gesagt, nur in hohen Konzentrationen aufnahmefähig und von einem Ionenaustausch durch die Haut ist, wenn von der Iontophorese abgesehen wird, gar keine Rede.

Von therapeutischer Bedeutung sind zunächst der Nachweis der Hautpermeabilität für Kohlendioxyd, Sauerstoff und Schwefelwasserstoff, ferner der hemmende Einfluß, den die Salze auf den Durchtritt von CO_2 und H_2S ausüben. Der endlich gelungene Nachweis der Durchgängigkeit von Quecksilber und seinen Salzen und der längst bekannte von Salicylsäure und von Jod und Jodalkalien geben üblichen Behandlungsmethoden eine feste Grundlage, und die Erkenntnis der Resorption von ätherischen Ölen stellt für eine Verwendung bei Lungenkatarrhen eine neue Anregung dar. Aus der Permeabilität des Chloroforms sowie des Camphers durch die Haut wird die Wirksamkeit der Einreibung solcher Stoffe bei rheumatischen Leiden und chronischen Entzündungen verständlicher. Percutane Behandlungen mit Sexualhormonen, mit

Cortin, mit den fettlöslichen Vitaminen sowie mit Aneurin rücken in den Bereich der therapeutischen Möglichkeiten. Es erscheint ferner als aussichtsreich, verschiedene Arzneien, die man bis dahin für die percutane Therapie noch nicht verwenden konnte, in Salbenform zur Resorption zu bringen.

Die Heilquellenbehandlung erhält durch diese Untersuchungen eine starke Stütze, ihre Indikationen werden zum Teil erweitert, zum Teil aber auch durch Beseitigung falscher Vorstellungen eingeschränkt, ihre therapeutischen Möglichkeiten also abgeklärt. Für die Toxikologie aber sind namentlich die Feststellungen der den Organismus schädigenden Halogenderivate verschiedener Kohlenwasserstoffe von Wichtigkeit. Wir dürfen somit wohl sagen, daß das Studium der Hautpermeabilität sowohl in physiologischer wie auch in therapeutischer und toxikologischer Hinsicht in den letzten Jahren eine nennenswerte Erweiterung unserer Kenntnisse geschaffen hat, und daß eine fortgesetzte Bearbeitung dieses Problems nach all diesen Richtungen hin als zweckmäßig und aussichtsreich erscheint.

Literaturverzeichnis.

ABREU, B., and G. A. EMERSON: Skin absorption of insulin with mucuna pririens. — ADLERSBERG u. PERUTZ: Experimentelle Untersuchungen über den Wasserhaushalt der Haut mittels der Quaddelprobe. Arch. f. exper. Path. **151**, 129. — ADOLPH, E.: Passage of water, through frog skin in relation to temperature. Ber. Physiol. **56**, 428 — The passage of water through the skin of the frog and the relation between diffusion and permeability. Amer. J. Physiol. **73**, 85. — AMRHEIN, F.: Absorption of Vitamin D from the skin. J. amer. pharmaceut. Assoc. **23**, 182. — ANSELMINO u. HOENIG: Weitere Untersuchungen über Permeabilität und Narkose. Pflügers Arch. **225**, 56. — ANTEN, H.: Über den Verlauf der Ausscheidung des Jodkaliums im menschlichen Harn. Arch. f. exper. Path. **48**, **331**. — ANTHES, H., u. F. SALZMANN: Über die Aufnahme von Jod aus Bädern durch die Haut und dessen Schicksal im Organismus. Z. exper. Med. **91**, 100 — Über den Einfluß von Bademoor auf den Übertritt von Jod durch die Haut und dessen Schicksal im Organismus. Med. Klin. **1933**, 1103. — ANTONIBON, A.: Ricerche quantitative sull'adsorbimento cutaneo. Arch. internat. Pharmacodynamie **31**, 351. — AOKI, T.: On the absorptiveness and the permeability of the skin. I. On the absorptiveness of colouring matter by the skin. Ber. Physiol. **101**, 322 — On the absorptiveness and the permeability of the skin. On the absorptiveness of the antigen or the anti-body form the skin. Ber. Physiol. **102**, 620. — ASTROWE, PH., and R. A. MORGEN: Dermal absorption of vitamin D. Amer. J. Dis. Childr. **49**, 912. — BARTENBACH, K.: Über die Resorptionsfähigkeit der tierischen Haut für Jodkalium in verschiedenen Salbengrundlagen. Inaug.-Diss. Gießen 1909. — BASCH, F.: Über Schwefelwasserstoffvergiftung bei äußerlicher Applikation von elementarem Schwefel in Salbenform. Arch. f. exper. Path. **111**, 126. — BASKERVILL, M. L.: The permeability of frog skin to urea. The influence of NaCl and $CaCl_2$. Biol. Bull. **53**, 239. — BAUKE, E.: Wird Milchzucker von der Haut resorbiert? Dtsch. med. Wschr. **1930 II**, 1869. — BAUM, H.: Über die Resorptionsfähigkeit der Haut für Campher aus Linimentum ammoniato-camphoratum und für Ammoniak. Inaug.-Diss. Bern 1936. — BECK u. FENYVESSY: Über die Resorption des Ichthyols durch die Haut. Arch. internat. Pharmacodynamie **6**, 109. — Beck u. Süsstrunk: Arch. Gewerbepath. **2**, Heft 1 (1931). — Bernhardt u. Strauch: Z. klin. Med. **104**, 723; **106**, 671. — Beutner, R.: The source of bioelectricity, investigated by means of the relation between stainability and electric charges in tissues and artificial models. Amer. J. Physiol. **90**, 284. — Biskupski, F.: Die Wirkung des Alkohols auf die Permeabilität der Froschhaut. Pflügers Arch. **240**, 287. — Bliss, A. Richard: The absorption of certain drugs from the human skin. J. amer. pharmaceut. Assoc. **25**, 694. — Bohnstedt, R. M.: Experimentelle Studien über die Beziehungen zwischen Haut und innersekretorischem System. Arch. f. exper. Path. **177**, 475. — Braune: Inaug.-Diss. Leipzig 1856. — Brochet, A.: Relations entre la conductivité des acides et leur absorption par le peau. C. r. Soc. Biol. Paris **155**, 1614 (1912). — Brown, E., and W. O. Scott: The absorption of methyl salicylate by the human skin. J. of Pharmacol. **50**, 32. — Bruger, M., u. Flexner: Integrity of the skin in relation to cutaneous absorption of insulin. Proc. Soc. exper. Biol. a. Med. **35**, 429—432. — Brummer, K.: Über den Einfluß kurzwelliger (Röntgen-)Strahlen auf die Permeabilität der Haut. Dermat. Z. **45**, 170. — Buchstab u. Sribner: Zur Frage der physiologischen Wirkung der Kohlensäurebäder auf den Organismus. Z. klin. Med. **120**, 797. — Bühlmann, A.: Über eine Verbesserung der Hautpermeabilität für Jodkali. Inaug.-Diss. Bern 1940. — Bürgi, E.: Über die Penetrationsfähigkeit verschiedener Substanzen durch die Haut. Schweiz. med. Wschr. **1935**, Nr 23, 516 — La perméabilité de la peau aux médicaments et poisons. Brux. méd. **1936**, Nr 40. — Über die Durchlässigkeit der Haut für Arzneien und Gifte. Wien. klin. Wschr. **1936**, Nr 51 — Über die Möglichkeiten und Grenzen einer percutanen Therapie. Schweiz. med. Wschr. **1937**, Nr 20, 433 — La perméabilité de la peau au mercure. Rev. méd. Suisse rom. **57**, Nr 8 (1937) — Permeabilität der Haut für Arzneien und Gifte. Kongreßbericht I des XVI. Internat. Physiologen-Kongr., Zürich 1938. — Über die physiologische und therapeutische Bedeutung der Hautpermeabilität. Schweiz. med. Wschr. **1938**, Nr 50, 1333. — Canals et Gidon: Sur l'absorption de l'iodure de potassium par la peau. J. Pharmacie **2**, 102 (1925). — Cavelti, Ph.: Über die Resorption von Sauerstoff durch die Haut. Inaug.-Diss. Bern 1940. — Chin, S.: Über den Einfluß des elektrischen Stromes auf die Permeabilität der Haut. Ber. Physiol. **53**, 295. — Chomkovic, G.: Studien über die Funktion der im Wasser gelösten Nährsubstanzen im Stoffwechsel der Wassertiere. VI. Mitteilung. Über die Permeabilität der Haut bei Fischen für Lösungen von organischen Nährsubstanzen. Pflügers Arch. **211**, 666. — Clayton, W.: Die Theorie der Emulsionen und der Emulgierungen. Berlin: Julius Springer 1924. — Chrzonsczewski: Wien. med Wschr. **1870**, Nr 52 — Berl. klin. Wschr. **1870**, 378. — Cobet, R., u. W. Lueg: Über den Einfluß einiger Hautreizmittel auf die Polarisierbarkeit der Haut. Arch. f. exper. Path. **125**, 343. — McCord u. P. Carey: Industrial intoxications following skin absorption. Amer. J. publ. Health **24**, 677. — v. Dalmady: Studien über Kohlensäurebäder. Z. physiol. Ther. **1920**, Nr 24. — Dede, L.: Bemerkungen zu der Arbeit des Herrn Dr. Hediger. Münch. med. Wschr. **1930 II**, 1322. — Diehl, F.: Resorptionsfähigkeit der Haut bei Basedowscher Krankheit und bei Myxödem. Arch. f. exper. Path. **184**, 476. — Drinker, Ph.: Hydrocyanic acid gas poisoning by absorption through the skin. J. ind. Hyg. **14**, 1. — Durig, A.: Wassergehalt und Organfunktion. Pflügers Arch. **85**, 401 (1901). — Ebbecke: Über Zellreizung und Permeabilität. Über elektrische Hautreizung. Pflügers Arch. **195** — Membranänderung und Nervenerregung. Pflügers Arch. **195**, 555 und **197**, 482. — Eimer, K.: Über das Wasserresorptionsvermögen der menschlichen Haut. Z. physik. Ther. **41**, 23. — Eimer, K., u. K. Heinz: Der Einfluß der Kohlensäure auf die Hautresorption im Bade. Arch. f.

exper. Path. 170, 683. — ELLMAN u. TAYLOR: The effect of oxygen and carbon dioxyd baths on the subcutaneous tissue gas tensions. J. of Hyg. 35, 322. — ENDRES, W.: Die Kohlensäureabgabe durch die Haut bei einigen Erkrankungen. Z. exper. Med. 63, 739 — Z. physik. Ther. 63 (1928). — ERNSTENE, A., CARLTON u. VOLK: Cutaneous respiration in man. The rate of carbon dioxyd elimination and oxygen absorption in normal subjects. J. clin. Invest. 11, 363 u. 377, 383, 387. — FAIRLEY, LINTON u. WILDE: The absorption of hydrocyanic acid vapour through the skin with notes on other matters relating to acute poisoning. J. of Hyg. 34, 283. — FASEL, P.: Über die Penetrationsfähigkeit des Quecksilbers aus der grauen Quecksilbersalbe durch die Haut. Inaug.-Diss. Bern 1938. — FAUCONNET, CH.: Zur Kenntnis des Resorptionsvermögens der normalen und kranken Haut und der Vaginalschleimhaut für verschiedene Salbengrundlagen usw. Dtsch. Arch. klin. Med. 86, 317. — FEHÈR, G., u. E. ZACK: Über die Fähigkeit des menschlichen Körpers, Wasser aus der Luft durch die Haut aufzunehmen. Z. exper. Med. 82, 114. — FILEHNE, W.: Über die Durchgängigkeit der menschlichen Epidermis für Gase. Arch. internat. Pharmacodynamie 7, 133. — FLEISCHER: Untersuchungen über das Resorptionsvermögen der menschlichen Haut. Erlangen 1877 — Zur Frage der Hautresorption. Virchows Arch. 79, 558. — FLURY, F.: Resorption gasförmiger Stoffe durch die Haut. Festschrift für Zangger 1935, Teil 2, 836 — Permeabilität der Haut für Arzneien und Gifte. Kongreßbericht I des XVI. Internat. Physiologenkongr. Zürich 1938. — FONTÈS, G.: Perméabilité partielle envers l'alcool de la peau isolée de grenouille. C. r. Soc. Biol. Paris 125, 900. — FRÄNKEL, P.: Zur Permeabilität der Leichenhaut für Gifte. Vjschr. gerichtl. Med. 32, H. 1 (1906). — FREYSTADTL, B.: Experimenteller Nachweis der Penetrationsfähigkeit einiger Oberflächenanaesthetica durch die unversehrte Haut. Dermat. Wschr. 1938 I, 73. — FUBINI u. PIERINI: Absorption cutanée. Arch. ital de Biol. 19, 3. — FUST, H.: Untersuchungen über die Desinfektionswirkung schwacher Säuren. Arch. f. exper. Path. 142, 248. — GANS u. SCHLOSSMANN: Steigerung der Permeabilität der menschlichen Haut durch ultraviolette Strahlen. Dermat. Wschr. 13 (1925). — GELLHORN, E.: Das Permeabilitätsproblem. Berlin: Julius Springer 1929. — GILDEMEISTER u. ELLINGHAUS: Über Zellpermeabilität und Erregung. Pflügers Arch. 200, 278. — GIUDICI, E.: La perspiratio insensibilis nel saturnismo cronico. Clin. med. ital. N. s. 63, 271. — McGLONE, BARTGIS u. DONAL: Oxygen absorption through the skin. Amer. J. Physiol. 109, 72. — GOLDSCHMIDT: Oxygen absorption through skin. Effect upon the vascular reaction to stasis and to histamine. Proc. Soc. exper. Biol. a. Med. 29, 827. — GRÖDEL: Über Kohlensäureresorption. Med. Klin. 1928, Nr 4. — GROSS, E., u. A. GROSSE: Ein Beitrag zur Toxikologie des Orthotrikresylphosphates. Arch. f. exper. Path. 168, 473. — GÜNTHER, G.: Experimentelle Studien über die Hautresorption. Ref. Ber. Physiol. 37, 699. — GROSSENBACHER, H.: Über die Penetrationsfähigkeit der weißen Quecksilbersalbe durch die Haut. Inaug.-Diss. Bern 1936. — HAEUSSLER, H.: Über die Kohlensäurediffusion durch die menschliche Haut. Pflügers Arch. 237, 448 — Über die Kohlensäureaufnahme durch die Haut aus verschiedenen Wässern. Balneologe 3, 217. — HAFFNER: Studien zur Gewöhnung an Schlafmittel. Verh. d. dtsch. pharmakolog. Ges. XVI im Arch. f. exper. Path. 105/06. — HAFFTER: Über die Resorption der Haut. Inaug.-Diss. Bern 1940. — HARPUDER, K.: Über Diffusionsvorgänge an der menschlichen Haut. Z. exper. Med. 76, 724. — HEDIGER: Der Gasaustausch durch die Haut und seine Bedeutung für die Balneologie. Schweiz. med. Wschr. 1932, Nr 28, 637; 1928, Nr 33 — Zur Frage der Gasdurchlässigkeit der Haut. Bemerkungen zur Arbeit von F. Salzmann. Münch. med. Wschr. 1930 II, 1321. — HEINZ, K.: Über die Beeinflussung der Hautresorption durch Kohlensäure.

Inaug.-Diss. Marburg 1932, S. 31. — Helmer, A., u. C. Jansen: The absorption of Vitamin D through the skin. Stud. Inst. Divi Thomae **1**, 83. — Herbrand, A.: Nachweis der Aufnahme von freiem Schwefelwasserstoff durch die Hautatmung. Schweiz. med. Wschr. **1933**, 568. — Hermann, S., u. R. Neiger: Die Giftwirkung einiger Verbindungen auf Tilletia titrici als Maß für die Permeabilität. Zbl. Bakter. II **92** (1935). — Hermann, S., u. H. Kassowitz: Aufnahme und Schicksal des auf die lebende Haut applizierten Insulins. Arch. f. exper. Path. **179**, 525 — Schmiedebergs Arch. **179**, 524. — Heubner u. Oettel: Einwirkungen organischer Flüssigkeiten auf die Haut. Verh. d. dtsch. pharmakol. Ges. **1936**. — Hevesy, Hofer u. Krogh: The permeability of the skin of frogs to water as determined by D_2O and H_2O. Skand. Arch. Physiol. (Berl. u. Lpz.) **72**, 19. — Hintzelmann: Über die Resorption von elementarem Jod durch die Haut. Balneologe **1**, 281 (1934). — Höber, R.: Membranse permeability to solutes in its relations to cellular physiol. Zit.: Ber. Physiol. **93**. — Hopmann, F.: Berufliche Blausäurevergiftung. Sammlung von Vergiftungsfällen. Berlin: F. C. W. Vogel 1932 — Über den Einfluß des Kohlensäurebades auf die Permeabilität der Haut für Salicylsäure. Balneologe **6**, 5—8 (1939). — Huf, E.: Über aktiven Wasser- und Salztransport durch die Froschhaut. Pflügers Arch. **237**, 143. — Hukuda, W.: On the permeability of the frog skin. J. of Biophys. **1**, Nr 5, 75. — Hume, N., Lucas and Henderson Smith: On the absorption of vitamin D from the skin. Biochemic. J. **21**, 362. — Hykes, O. V.: Sur l'absorption des matières grasses par la peau de la grenouille. — Jamado, K., u. A. Jodlbauer: Über das Resorptionsvermögen der Haut für Anilinfarbstoffe mit und ohne Anwendung des elektrischen Stromes. Arch. internat. Pharmacodynamie **19**, 215. — Imschenetzky, A.: Über die Permeabilität der Haut für Trypanblaulösung unter Berücksichtigung der Hautimmunitätstheorie von Besredka. Z. exper. Med. **69**, 113. — Jacobi, W.: Pharmakologische Wirkungen am peripheren Gefäßapparat und ihre Beeinflussung auf Grund einer spezif. Veränderung der Permeabilität der Zellmembranen durch Hydroxylionen. Arch. f. exper. Path. **88**, 353. — Juhl: Untersuchungen über das Absorptionsvermögen der menschlichen Haut für zerstäubte Flüssigkeiten. Dtsch. Arch. klin. Med. **35**. — Kahlenberg, L.: On the passage of boric acid through skin by osmosis. J. of biol. Chem. **62**, 149. — Kaplanski, S., u. N. Boldirewa: Über den Mineralstoffgehalt des Muskelgewebes von Süßwasserfischen bei gesteigerter Konzentration der Mineralsalze im Wasser. Biochem. Z. **265**, 422. — Kasahara: Die Resorption des Vitamins B_1 durch die Haut. Klin. Wschr. **1938**, Nr 28, 939. — Kesser, Oelkers u. Vincke: Zur Prophylaxe und Therapie von Senfschädigungen der Haut. Arch. f. exper. Path. **180**, 557. — Kelker, Ph.: Die Ionendurchlässigkeit der Haut in Badewässern. Balneologe **2**, 391. — Kilian, V.: Beitrag zur Frage der chemischen Grundlagen der Schlammtherapie. Arch. f. exper. Path. **178**. 197. — Kionka, H.: Die Resorption der Salicylsäure durch die Haut. Klin. Wschr. **1931 II**, 1570. — Klappich, H.: Die Oberflächenfeuchte der menschlichen Haut und ihre meteoro-physiologischen Beziehungen. Z. exper. Med. **103**, 363. — Köhler u. Jürgens: Über den Blutjodgehalt nach Einreibung von Jodsalbe. Arch. f. exper. Path. **171**, 38. — Kojiama, Y., u. T. Nikumatsu: Histological studies on the absorption and excretion of lead in face powder pastes through the skin. Trans. jap. path. Soc. **19**, 119. — Kopff, L. v.: Über die Absorption durch die Haut. 1887. Ref. in den Fortschritten für Tierchemie· — Kramer, K.: Untersuchungen über die Kohlensäurediffusion durch die Haut. Balneologe **2**, 4. — Kramer, K., u. H. Sarre: Untersuchungen über die Kohlensäurediffusion durch die Haut. Arch. f. exper. Path. **180**, 545. — Krummenacher, J. E.: Über die Penetrationsfähigkeit von Sublimat und Blausäure durch die Haut. Inaug.-Diss. Bern 1937. — Lanar: Über den Zusammenhang von Hautresorption und

Albuminurie. Virchows Arch. **77**, 157. — LANG, E.: Versuche über die Durchlässigkeit der Froschhaut für Gifte. Arch. f. exper. Path. **84**, 1. — LAPIDUS, G.: Studien über die örtliche Wirkung und die Hautresorption von Tetrachlorkohlenstoff und Chloroform. Arch. f. Hyg. **102**, 124. — LASKOWSKI, M.: Sauerstoffaufnahme durch die Haut beim Frosche. Ref. Ber. Physiol. **57**, 755. — LAQUEUR u. GOTTHEIT: Z. physik. Ther. **33**, H. 6. — LAZAREW, M.: Über die percutane Resorption von Schlafmitteln. Arch. f. exper. Path. **168**, 162 — Über die percutane Resorption von Schlafmitteln. Schmiedebergs Arch. **168**, 162. — LAZAREW, BRUSSILOWSKAJA u. LAVROV: Zur Methodik der vergleichenden Untersuchung des Eindringens einiger organischer Substanzen durch die Haut. Ber. Physiol. **64**, 811 — Quantitative Untersuchungen über die Resorption einiger organischer Gifte durch die Haut ins Blut. Arch. Gewerbehyg. **2**, 641. — LAZAREW, BRUSSILOWSKAJA, LAVROV u. LIFSCHITZ: Über die Durchlässigkeit der Haut für Benzin und Benzol. Arch. f. Hyg. **106**, 112. — LEHMANN, G.: Über die Resorption von Kohlensäure aus Salzlösungen und von Salzlösungen selbst durch die Haut. Arch. internat. Pharmacodynamie **55**, 331. — LESLIE-ROBERTS: On the absorption of salicylic acid by the human skin. Brit. J. Dermat. **40**, 325. — LEWIN, L.: Die Wirkungen des Phenylhydroxylamins. Arch. f. exper. Path. **35**, 401. — LILJESTRAND u. MAGNUS: Pflügers Arch. **193**. — LOHR, H.: Beitrag zur Kenntnis des Jodstoffwechsels. Arch. f. exper. Path. **182**, 132. — LUITHLEN, F.: Veränderungen des Chemismus der Haut bei verschiedener Ernährung und Vergiftungen. Arch. d. exper. Path. **69**, 365. — MAAG, R.: Untersuchung von Schlafmittelwirkungen von der Haut aus. Inaug.-Diss. Bern 1939. — MACHT, D.: The absorption of drugs and poisons through the skin and mucous membrans. J. amer. med. Assoc. **110**, 409 — The absorption of drugs and poisons through the skin and mucous membrans. Arch. internat. Pharmacodynamie **58**, 1. — MAJOR, R.: Insulin absorption from application to the skin. Proc. Soc. exper. Biol. a. Med. **34**, 775. — v. MALLINCKRODT-HAUPT, A.: Der Vitamin D-Gehalt in cholesterinhaltigen Salbengrundlagen. Resorption durch die Haut. Z. Vitaminforsch. **4**, 16. — MANASSEIN: Zur Frage über die Permeabilität der normalen Haut. Arch. f. Dermat. **38**, 3. — MANGANARO, P.: Sulla possibile intossicazione per assorbimento cutaneo da nicotina. Rass. Ter. e Pat. clin. 1925, 129. — MATSUMOTO u. MIZUTANI: Untersuchung über die Resorption von Substanzen durch die Haut und Schleimhaut. Acta dermat (Kyoto) **24**, 103. — MAYR, J.: Studien zur Hautwasserabgabe. Virchows Arch. **289**, 449. — MEMMESHEIMER, A.: Licht- und Schutzfunktionen der Haut. Strahlenther. **61**, 616. — MENSCHEL, H.: Zur Kolloidchemie und Pharmakologie der Keratinsubstanzen der menschlichen Haut. Arch. f. exper. Path. **110**, 1. — DU MESNIL: Über das Resorptionsvermögen der normalen menschlichen Haut. Dtsch. Arch. klin. Med. **52** (1892). — MERZ, K. W.: Über die percutane Resorption Alkalisalicylaten aus salbenähnlichen Zubereitungen. Arch. Pharmaz. **269**, 441. — MILBRADT, W.: Der Einfluß der Saponine auf die Durchlässigkeit der Haut. Z. exper. Med. **87**, 745 — Experimentelle Untersuchungen zur Herabsetzung und Förderung der Hautresorption. Dermat. Z. **66**, 37. — MIYAZAKI, K.: Über die Resorption der Haut. I. Mitt. Ref. Ber. Physiol. **63**, 389 — Experimentelle Untersuchung über die Beeinflussung verschiedener Manipulationen auf die Resorption der Haut. Ref. Ber. Physiol. **64**, 197 — Einflüsse der Reaktionsveränderungen der Vehikel und der Vorbehandlungen der betreffenden Hautpartien mit Chemikalien auf die Farbstoffresorption. Ref. Ber. Physiol. **64**, 198 — Experimentelle Untersuchung über die Resorption von verschiedenen Salicylsäurederivaten. Ber. Physiol. **64**, 81.. — MÜLLER, J.: Über die Ausscheidung des Acetons und die Bestimmung desselben in der Atemluft und den Hautausdünstungen des Menschen. Arch. f. exper. Path. **40**, 351. — MOORE, LAMAR

u. BECK: Cutaneous absorption of sex hormons. J. amer. med. Assoc. **111**, 11 (1938). — MONCORPS, C.: Über die Resorption der Salicylsäure aus freie Salicylsäure, Salicylate und Salicylester enthaltenden Einreibemitteln. Arch. f. exper. Path. **163**, 377 — Über die Pharmakologie und Pharmakodynamik des Ungt. hydra. praecipit. alb. Arch. f. exper. Path. **155**, 51 — Untersuchungen über die Pharmakologie und Pharmakodynamik von Salben und salbeninkorporierten Medikamenten. Arch. f. exper. Path. **141**, 25 — Weitere Mitteilungen über die Resorption und Pharmakodynamik der salbeninkorporierten Medikamente. Arch. f. exper. Path. **141**, 50. — MONCORPS u. BOHNSTEDT: Über den Sulfatgehalt und Transmineralisationsvorgänge im Blut beim Menschen nach Schwefelsalbenanwendung. Arch. f. exper. Path. **152**, 57. — MONCORPS u. SCHMID: Beitrag zur Kenntnis der Wirkungsweise der Schüttelmixturen unter besonderer Berücksichtigung der Kühlwirkung. Arch. f. exper. Path. **185**, 578. — MONCORPS, SCHMID und THOLEY: Untersuchungen über die Pharmakologie und Pharmakodynamik der Salben und salbeninkorporierten Medikamente. Arch. f. exper. Path. **185**, 572. — MOUGEOT u. AUBERTOT: Are free gases in thermal waters absorbed by the skin during bathing? Arch. of med. Hydrol. **12**, 292. — MÜHLEMANN, H.: Über die Eignung der Partialglyceride von Fettsäuren als Salbenemulgatoren. Pharmaceutica acta helv. **1940**, Nr 1, 2, 3. — NISHIMURA, E.: The behaviour of the skin towards solutions of various kinds and various concentrations. Zit.: Ber. Physiol. **74**, 419. — NITTO, S.: Ein Fall von Schwefelvergiftung bei der Scabiesbehandlung Ref. Ber. Physiol. **92**, 670. — NYIRI, W., u. M. JANNITTI: About the fate of free iodine upon application to the unbroken animal skin. J. of Pharmacol. **45**, 85. — OETTEL, H. J.: Einwirkungen organischer Flüssigkeiten auf die Haut. Arch. f. exper. Path. **183**, 642. — OKAMOTO, H.: Klinische Untersuchungen über die Resorptionsfähigkeit der Haut bei Frauen. Ref. Ber. Physiol. **105**, 284. — OPPENHEIM, M.: Beiträge zur Frage der Hautresorption mit besonderer Berücksichtigung der erkrankten Haut. Arch. f. Dermat. **93**, H. 1/2 (1908). — OVERTON, E.: On a method of rendering the skin of the living frog permeable to salts, carbohydrates and other crystalloids. 12. intern. Physiologenkongr. in Stockholm **1926**, 122. — PARISOT: Recherches expér. sur l'absorption par le tégum externe. C. r. Soc. Biol. Paris **57**, 327 u. 373 (1863). — PASCHELES, W.: Versuch einer elektrischen Messung der Quellbarkeit und Resorption an der menschlichen Haut. Arch. f. exper. Path. **35**, 100. — PETERS: Über die Resorption von Jodkalium in Salbenform. Zbl. klin. Med. **11**, 51 (1890). — PLUM, P.: Über die Leistung der Haut als Absonderungsorgan. Ber. Physiol. **88**, 426. — POSNANSKAJA, N. B.: Ionic permeability of human skin. Bull. Biol. et Méd. expér. URSS **4**, 477 (1937). — PROTZ, G.: Über die Wirkung einiger Anästheticachloride und deren Mischung mit $NaHCO_3$ auf die Froschhaut. Arch. f. exper. Path. **86**, 238. — PRZYLECKI: L'échange de l'eau et des sels chez les amphibiens. Bull. Acad. Polon. Sci. Med. **1**, 30 (1921) — L'absorption cutanée chez les amphibiens. Arch. internat. Physiol. **20**, 144 (1922). — PULEWKA. P,, u. H. GREVENER: Versuche über die resorptive Wirkung von Akonitinsalben nebst einer neuen Methode zum Nachweis und zur Bestimmung des Akonitins auf biologischem Wege. Arch. f. exper. Path. **177**, 74. — REICHELT, E.: Zur Theorie der Oberflächenanaesthetica. Arch. f. exper. Path. **87**, 41. — REID, W.: Osmosis experiments with living and dead membranes. J. of Physiol. **11**, 312 (1890) — Transport of fluid by certain epithelia. J. of Physiol. **26**, 436 (1901). — RICKER, A.: Zur Frage der Hautresorption. Berl. klin. Wschr. **1886**. — RIEBEN, W.: Über die Resorption durch die Haut im Zusammenhang mit der Schwefelfrage. Experimentelle Untersuchungen an Kaninchen über die Resorption gelösten Schwefels durch die Haut. Inaug.-Diss. Bern 1938. — RIES, L.: Über die Wasserausscheidung des menschlichen Körpers durch die

Haut und Nieren bei thermisch indifferentem Baden. Arch. f. exper. Path. **24**, 66. — Riniker, P.: Über die Resorption von Chlornatrium und Jodkalium durch die menschliche Haut. Inaug.-Diss. Bern 1938. — Ritter, A.: Über die Resorptionsfähigkeit der normalen menschlichen Haut. Dtsch. Arch. klin. Med. **34** (1887) — Zur Frage der Hautresorption. Berl. klin. Wschr. **23**, 47 (1886) — Über die Resorptionsfähigkeit der normalen menschlichen Haut. Inaug.-Diss. Erlangen 1883. — Roberg, M.: Zur Prüfung der Permeabilitätssteigerung durch Saponine. Arch. f. exper. Path. **188**, 360. — Rodenacker: Die Wirkung einiger gewerblich gebrauchter Chemikalien auf die Haut. Dermat. Wschr. **1931 I**, 829. — Rodkinson, B.: Salbenresorption. Inaug.-Diss. Bern 1939. — Röhrig: Physiologie der Haut. Leipzig 1878 (1876?), S. 113. — Rojahn, C. A., u. E. Wirth: Über den Grad der percutanen Resorption der Salicylsäure sowie ihrer Salze und Ester aus Rheumamitteln des Handels. Arch. f. exper. Path. **175**, 26. — Rothlin, E.: Experimentelle Untersuchungen über das Lokalanaestheticum S.F. 147 (Panthesin). Arch. f. exper. Path. **144**, 197. — Rubinstein u. Pevesner: The role of electrical forces in the one-sided permeability of the skin. Bull. Biol. et Méd. expér. URSS **2**, 311—312 (1936). — Rubinstein u. Miskinowa: Ist die Froschhaut für Wasser einseitig permeabel? Ref. Ber. Physiol. **93**, 23. — Saito, T.: Über den Einfluß der Schilddrüse auf die Permeabilität der Froschhaut für Farbstoffe. Ref. Ber. Physiol. **56**, 759. — Salzmann, F.: Bemerkungen zu der Arbeit des Herrn Dr. Hediger. Münch. med. Wschr. **1930 II**, 1322 — Beitrag zur Frage der Gasdurchlässigkeit der lebenden Haut in Gasbädern und kohlensäurehaltigen Wasserbädern. Münch. med. Wschr. **1930 I**, 679. — Setschenow, J.: Über die Absorption der Kohlensäure durch Salzlösungen. Mémoires de l'académie impériale des sciences de St. Petersbourg **22**, Nr 6. — v. Sobieranski: Über die Resorption des Vaselins von der Haut und seine Schicksale im Organismus. Arch. f. exper. Path. **31**, 329. — Spina: Untersuchungen über die Mechanik der Darm- und Hautresorption. Wiener akad. Sitzungsbericht **84**. — Sollmann u. Pilcher: Endermic reactions I. J. of Pharmacol. **9**, 309—340. — Sulze, W.: Die Bedeutung der Atmungsvorgänge für die Resorptionsleistung und Potentialbildung bei der Froschhaut. Tag. d. dtsch. Physiolog. Ges. in Gießen **1936**. — Süssmann, Ph. O.: Studien über die Resorption von Blei und Quecksilber bzw. deren Salzen durch die unverletzte Haut des Warmblüters. Arch. f. Hyg. **90**, 175. — Schmid, G.: Über die Resorption von Kohlensäure und Schwefelwasserstoff durch die Haut. Arch. internat. Pharmacodynamie **55**, 318. — Schulz, L.: Über die Wirkungen des wasserfreien Chlorals nach Applikation auf die unverletzte äußere Haut und die Allgemeinwirkung starker Hautreize. Arch. f. exper. Path. **16**, 305. — Schulze-Rhonhof, F.: Untersuchungen über die Resorptionsfähigkeit der Haut für Jod bei Nichtschwangeren, Schwangeren und Wöchnerinnen. Zbl. Gynäk. **51**, Nr 40. — Schumacher, G.: Über die Resorptionsfähigkeit der tierischen Haut für Salicylsäure und ihr Natriumsalz. Inaug.-Diss. Gießen 1908, S. 43. — Schwander, P.: Über die Diffusion halogenisierter Kohlenwasserstoffe durch die Haut. Inaug.-Diss. Bern 1936. — Schwenkenbecher u. Spitta: Über die Ausscheidung von Kochsalz und Stickstoff durch die Haut. Arch. f. exper. Path. **56**, 284. — Schwenkenbecher, A.: Veränderungen des Körpergewichtes unter dem Einfluß verschiedener Bäder. Balneologe **3**, 65. — Stähli, W.: Über die Diffusion ätherischer Öle durch die Haut und ihr Nachweis in der Exspirationsluft. Inaug.-Diss. Bern 1940. — De Stefani-Colosi, I.: L'assunzione dell'acqua per via cutanea. Pubbl. Staz. zool. Napoli **13**, 12. — Steiskal, K.: Über die Resorption von Nährstoffen durch die Haut. Wien. med. Wschr. **1931 II**, 1490. — Stigler, R.: Eine Beobachtung über die Aufnahme und Ausscheidung des Schwefels durch die Haut. Münch. med. Wschr. **1929 II**, 1795. — Strauch:

Aufnahme und Abgabe von Wasser oder Medikamenten aus Salbengrundlagen im Zusammenhang mit der Emulsionsform. Bruns' Beitr. **141**, 358. — STURM, A., u. A. SCHULZE: Untersuchungen über die Resorptionsfähigkeit der Haut für Jod in Beziehung zum Gesamtorganismus. Z. exper. Med. **90**, 173. — TACHAU, H.: Über den Übergang von Arzneimitteln in den Schweiß. Arch. f. exper. Path. **66**, 334. — TALBERG: Schwefel- und Phosphorausscheidungen durch die Haut. Amer. J. Physiol. **105**, 94. — TANNENBAUM, M.: Über eine allgemeine Stoffwechselwirkung von Campher und ihm verwandten Substanzen bei cutaner Applikation. Arch. f. exper. Path. **163**, 505. — TRAUBE-MENGARINI, M.: Über die Permeabilität der Haut. Rendiconti della R. Acad. dei Lincei **7**, H. 5 (1890). — USINSKII: Ber. Physiol. **44**, 419 (1928). — VALENTIN: Untersuchungen über die Absorptionsfähigkeit der menschlichen Haut usw. Dtsch. Arch. klin. Med. **35** (1884). — VOEGELI, F.: Über die Durchlässigkeit der Haut für verschiedene organische Lösungsmittel. Inaug.-Diss. Bern 1937. — VOGEL, G.: Ist die unversehrte Haut durchgängig für Arsenik. Arch. internat. Pharmacodynamie **5**, 217. — VOROJTZOWA, E.: A propos de l'absorption des substances narcotiques par la peau. Ref. Ber. Physiol. **114**, 658. — WAELTI, A.: Versuche über die Resorption von Campher aus Spiritus camphoratum, Vinum camphoratum und Oleum camphoratum. Versuche über die percutane Resorption der freien Base des Cocains. Inaug.-Diss. Bern 1939. — WALLER: Über den Einfluß des Chloroforms auf die Hautresorption. The parciti. **1869**. — WALTON u. WHITHERSPOON: Skin absorption of certain gases. J. of Pharmacol. **26**, 315. — WETZEL: Jodine absorption from the human skin. J. of Pharmacol. **15**, Nr 2, 169. — WILKOEWITZ u. LENUWEIT: Z. klin. Med. **122** (1932). — WIEDERKEHR, A.: Über die percutane Resorption einiger Hypnotica und von Trichlortertiärbutylalkohol. Inaug.-Diss. Bern 1939. — WINTERNITZ, R.: Zur Lehre der Hautresorption. Arch. f. exper. Path. **28**, 405 — Die allgemeine Therapie der Haut. Handb. d. Haut- u. Geschlechtskrankh. Bd. **5 I**, S. 578 — Über die Gasdurchlässigkeit der Haut und über die Terminologie der Gaslösung. Münch. med. Wschr. **1930 II**, 1934. — v. WITTICH: Aufsaugung, Lymphbildung und Assimilation. Handb. d. Physiol. v. Hermann. Leipzig 1881. — v. WOLKENSTEIN: Zur Frage der Resorption der Haut. Zbl. f. d. med. Wissensch. **1870**, Nr 20. — WÜST, H.: Untersuchungen über die Permeabilität der Haut für Salicylsäure. Inaug.-Diss. Bern 1940. — ZACK, E.: Über die Fähigkeit des menschlichen Körpers, Wasser aus der Luft aufzunehmen. Klin. Wschr. **1932 I**, 803. — ZANGGER u. BECK: Über die Lösungsmittel und die Eigenschaften, welche ihre Gefahren bedingen. Schweiz. Z. Unfallheilk. **1929**, Nr 8. — ZERNIK, F.: Beiträge zur Kenntnis der percutanen Phosphorwirkung. Z. exper. Med. **70**, 1. — v. ZIEMSSEN: Handbuch der speziellen Pathologie und Therapie **14**, 133.

Sachverzeichnis.

Druck der Spamer A.-G. in Leipzig.